電気工事士試験学習書

出るとこだけ！
第二種電気工事士

早川義晴 [著]

第3版

学科試験の要点整理

JN213848

本書内容に関するお問い合わせについて

このたびは翔泳社の書籍をお買い上げいただき、誠にありがとうございます。弊社では、読者の皆様からのお問い合わせに適切に対応させていただくため、以下のガイドラインへのご協力をお願いしております。下記項目をお読みいただき、手順に従ってお問い合わせください。

●お問い合わせされる前に

弊社Webサイトの「正誤表」をご参照ください。これまでに判明した正誤や追加情報を掲載しています。

正誤表
https://www.shoeisha.co.jp/book/errata/

●お問い合わせ方法

弊社Webサイトの「書籍に関するお問い合わせ」をご利用ください。

書籍に関するお問い合わせ
https://www.shoeisha.co.jp/book/qa/

インターネットをご利用でない場合は、FAXまたは郵便にて、下記"(株)翔泳社 愛読者サービスセンター"までお問い合わせください。
電話でのお問い合わせは、お受けしておりません。

●回答について

回答は、お問い合わせいただいた手段によってご返事申し上げます。お問い合わせの内容によっては、回答に数日ないしはそれ以上の期間を要する場合があります。

●お問い合わせに際してのご注意

本書の対象を超えるもの、記述箇所を特定されないもの、また読者固有の環境に起因するお問い合わせ等にはお答えできませんので、予めご了承ください。

●郵便物送付先およびFAX番号

送付先住所　〒160-0006　東京都新宿区舟町5
FAX番号　　03-5362-3818
宛先　　　　(株)翔泳社 愛読者サービスセンター

※著者および出版者は、本書の使用による第二種電気工事士試験の合格を保証するものではありません。
※本書に記載されたURL等は予告なく変更される場合があります。
※本書の出版にあたっては正確な記述に努めていますが、著者および株式会社翔泳社のいずれも、本書の内容に対してなんらかの保証をするものではなく、内容やサンプルに基づくいかなる運用結果に関してもいっさいの責任を負いません。
※本書に掲載されている画面イメージなどは、特定の設定に基づいた環境にて再現される一例です。
※本書に記載されている会社名、製品名はそれぞれ各社の商標および登録商標です。
※本書では™、®、©は割愛させていただいております。

はじめに

　本書は、「第二種電気工事士 学科試験」に効率よく合格するための対策書です。試験によく出る重要なポイントばかりを集めた内容，かつ持ち運びが可能なコンパクトサイズなので，試験の直前対策に，休み時間や通勤・通学などの空き時間を利用した学習用に，ぜひ御利用ください。

　初学者の方は，本書の姉妹書『電気教科書 第二種電気工事士［学科試験］はじめての人でも受かる！テキスト＆問題集』を併用すると，学習の効果が出やすいでしょう。

　本書は，下記に留意しながら執筆しました。

・試験の出題範囲を7つの章に分け，学習しやすい順に配置しています。
・過去問題を詳細に分析した上で，試験に出題される事柄を86項目にまとめています。項目ごとに必要な内容をやさしく説明し，要点だけを把握すればよいように構成しています。
・過去問題及び過去問題をもとに作成した例題を，項目ごとにできるだけたくさん掲載しています。
・配線器具や電気工事用材料，工具，測定器などを，わかりやすいよう，実際の試験問題と同様にカラー写真で掲載しています。また，配線図や複線図もカラーページで，わかりやすく簡潔に解説しています。
・巻末の「技能試験に向けて」で，複線図を描く方法を3とおり紹介しています。

　このため，本書を利用すると，無駄の無い効率的な学習ができます。本書の活用により，より多くの方々が合格されることを祈念します。

早川義晴

第二種電気工事士　試験ガイド ⚡

　第二種電気工事士は，電気工事技術者にとって必須の国家資格です。電気工事の仕事は，電気の技術と技能を身につけた有資格者のみが行うように規制しており，電気工事の施工不良による災害が起きないように，安全性を確保しています。

　免状を取得すると，一般用電気工作物等（住宅，店舗，小規模ビルなどの電気設備）の電気工事ができます。また，講習を終了するか，3年の実務経験を経て認定電気工事従事者の資格を取得すれば，自家用設備（高圧で受電する設備）の高圧部分を除く電気工事ができます。さらに，最大電力100〔kW〕未満のビルや工場などの許可主任技術者として活躍することもできます。

　第二種電気工事士試験は，学科試験と技能試験があります。「上期試験」と「下期試験」が実施され，いずれかを選ぶことができ，また両方を受験することもできます。学科試験は，令和5年から，CBT試験（コンピュータ上で解答する形式の試験）も行われています。

　なお，ここに掲載する内容は本書刊行時点のものです。試験の最新情報につきましては，試験センターのホームページなどで必ず確認してください。

⚡1. 試験の実施について

- **受験申込期間**

　上期試験：3月中旬～4月上旬　　下期試験：8月中旬～9月はじめ

- **申込方法**

　原則としてインターネットによる申込み。インターネットが利用できないなど，やむを得ない事情がある場合は書面申込みも可（問合せ先：電気技術者試験センター 受験総合支援センター TEL 03-3552-7691）

- **試験実施日**

　学科試験　　上期　　CBT方式：4月下旬～5月初旬の約3週間
　　　　　　　　　　　筆記方式　：5月下旬の日曜日
　　　　　　　　下期　　CBT方式：9月下旬～10月初旬の約3週間
　　　　　　　　　　　筆記方式　：10月下旬の日曜日
　　　　　　　　CBT方式は，所定の期間内に受験場所，日時を選択して受験します。
　技能試験　　上期は7月中旬，下期は12月中旬の土曜日又は日曜日
　　　　　　　（受験地により異なります）

- **受験手数料**

　9,300円（書面申込みの場合は9,600円）

⚡2. 受験資格

受験資格に制限はありませんので，だれでも受験できます。

第二種電気工事士　試験ガイド

⚡ 3. 筆記試験

- 筆記試験の免除制度について

以下に該当する方は，申請により筆記試験が免除されます。

① 前回又は前々回の学科試験に合格した方

② 高校以上の学校において，電気工事士法で定める課程を修めて卒業した方

③ 電気主任技術者免状取得者

- 試験時間：2 時間　　　・合格ライン：60 点（年度によって多少異なります）

- 出題形式：四肢択一

- 解答方式：筆記方式はマークシート，CBT 方式はパソコン上で答えを選択

- 出題範囲と出題数

	出題テーマ	出題数
一般問題	(1) 電気に関する基礎理論	4～5
	(2) 配電理論及び配線設計	4～5
	(3) 電気機器，配線器具並びに電気工事用の材料及び工具	7～8
	(4) 電気工事の施工方法	5～6
	(5) 一般用電気工作物等の検査方法	3～4
	(6) 一般用電気工作物等の保安に関する法令	3～4
	小計	30 問
配線図	(7) 配線図（図記号，他）	10
	(8) 配線器具，工事材料，工具，測定器などの選別	10
	小計	20 問
	合計	50 問

⚡ 4. 技能試験

持参した作業用工具により，配線図で与えられた問題を，支給される材料で一定時間内に完成させる方法で行われます。

- 出題分野

(1) 電線の接続　　(2) 配線工事　　(3) 電気機器及び配線器具の設置

(4) 電気機器，配線器具並びに電気工事用の材料及び工具の使用方法

(5) コード及びキャブタイヤケーブルの取付け

(6) 接地工事　　　(7) 電流，電圧，電力及び電気抵抗の測定

(8) 一般用電気工作物等の検査　(9) 一般用電気工作物等の故障箇所の修理

- 試験時間：40 分（変更される場合もあります）

⚡ 試験についての問合せ先

一般財団法人 電気技術者試験センター

〒 104-8584　東京都中央区八丁堀 2-9-1　RBM 東八重洲ビル 8 階

TEL　03-3552-7691　　メール　info@shiken.or.jp

URL　https://www.shiken.or.jp

v

目次

第1章　配線材料，機器，器具，工具，測定器 …………… 1

- *01* 電線の種類 ……………………………………………… 2
- *02* スイッチ（点滅器） …………………………………… 5
- *03* コンセント ……………………………………………… 10
- *04* 配線用遮断器，漏電遮断器 …………………………… 15
- *05* 各種照明用光源と特徴 ………………………………… 19
- *06* 三相誘導電動機 ………………………………………… 22
- *07* 三相誘導電動機の始動 ………………………………… 24
- *08* 電気工事用工具 ………………………………………… 26
- *09* 管工事用材料 …………………………………………… 34
- *10* その他の機器，材料 …………………………………… 46
- *11* 主な測定器 ……………………………………………… 48

第2章　配線図 ……………………………………………… 51

- *12* 一般配線の図記号 ……………………………………… 52
- *13* 機器，照明器具の図記号 ……………………………… 56
- *14* スイッチ，コンセントの図記号と傍記する文字記号 … 59
- *15* 開閉器，分電盤，その他の図記号 …………………… 62
- *16* 電灯配線と複線図 ……………………………………… 65
- *17* 基本回路の複線図 ……………………………………… 73
- *18* 複線図の過去問題を解いて理解を深める …………… 80

第3章　電気工事の施工方法，検査方法 ……………… 89

- *19* 電線の接続 ……………………………………………… 90
- *20* リングスリーブ（E形）の種類と圧着マーク ……… 92
- *21* 接地工事 ………………………………………………… 94
- *22* 接地工事の省略と緩和 ………………………………… 96
- *23* 工事の種類と施設場所 ………………………………… 98
- *24* ケーブル工事 …………………………………………… 100
- *25* 地中電線路の施設 ……………………………………… 102
- *26* 金属管工事 ……………………………………………… 103
- *27* 金属可とう電線管工事 ………………………………… 106
- *28* 合成樹脂管工事 ………………………………………… 107
- *29* 金属線ぴ工事，金属ダクト工事，ライティングダクト工事，
  平形保護層工事 ………………………………………… 109
- *30* ショウウィンドーなどの配線工事 …………………… 112
- *31* ネオン放電灯工事 ……………………………………… 113
- *32* 特殊場所の施設 ………………………………………… 114
- *33* 小勢力回路の施設 ……………………………………… 116
- *34* 引込線と引込口配線 …………………………………… 117
- *35* 引込口における開閉器と屋外配線の施設 …………… 118
- *36* メタルラス張り等の木造造営物における施設 ……… 120
- *37* 指示電気計器の種類 …………………………………… 121
- *38* 計器の接続 ……………………………………………… 124
- *39* 変流器 …………………………………………………… 126
- *40* クランプメータ ………………………………………… 128
- *41* 絶縁抵抗の測定 ………………………………………… 130
- *42* 接地抵抗の測定 ………………………………………… 133
- *43* 竣工検査 ………………………………………………… 135

目 次

第4章 法令 ················· 137

44 住宅の屋内電路の対地電圧の制限 ············· 138
45 電動機の過負荷保護 ············· 140
46 地絡遮断装置（漏電遮断器）の施設 ············· 141
47 電気事業法 ············· 143
48 電気工事士法 ············· 147
49 電気工事業法（電気工事業の業務の適正化に関する法律） ············· 151
50 電気用品安全法 ············· 154
51 電気設備技術基準 ············· 157

第5章 電気に関する基礎理論 ············· 159

52 オームの法則 ············· 160
53 合成抵抗 ············· 162
54 ブリッジ回路 ············· 164
55 分電圧（分圧） ············· 165
56 分路電流（分流） ············· 166
57 電線の抵抗 ············· 168
58 直流回路の電力 ············· 170
59 電力量 ············· 171
60 ジュールの法則 ············· 173
61 熱量計算 ············· 174
62 交流の周期と周波数 ············· 175
63 正弦波交流の実効値と最大値 ············· 177
64 交流回路のオームの法則 ············· 178
65 リアクタンスの大きさ ············· 179
66 インピーダンス ············· 181
67 R-L-C の直列回路 ············· 182
68 R-L-C の並列回路 ············· 184
69 交流回路の消費電力 ············· 186
70 電力と電力量の直角三角形 ············· 188
71 力率は直角三角形から求める ············· 190
72 三相交流回路 ············· 192
73 Y 結線（スター結線） ············· 195
74 Δ 結線（デルタ結線） ············· 198

第6章 配電理論 ············· 201

75 配電方式 ············· 202
76 単相2線式 ············· 204
77 単相3線式 ············· 207
78 三相3線式 ············· 212

第7章 配線設計 ············· 215

79 電線の太さと許容電流，電流減少係数 ············· 216
80 コードの許容電流 ············· 218
81 低圧電路に施設する過電流遮断器の性能 ············· 220
82 幹線の太さを決める根拠となる電流 ············· 222
83 幹線の過電流遮断器の定格電流 ············· 224
84 分岐回路の過電流遮断器と開閉器の施設位置 ············· 226
85 分岐回路と電線の太さ，コンセント施設 ············· 229
86 中性線が断線したときの電圧 ············· 231

付録 技能試験に向けて ············· 233

索引 ············· 243

vii

本書の使い方

●項目番号，見出し
試験によく出題される内容を，86 の項目にまとめています。

●消える文字
付属の赤いシートを被せると，重要な用語や公式，数値を隠します。暗記学習にご利用ください。

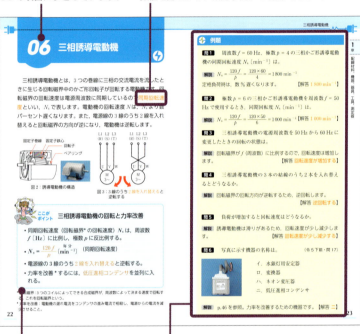

●ここがポイント
出題のポイントとなる要素，重要な公式や法則を，覚えやすい形にまとめています。

●例題
主に過去問題及び過去問題をもとに作成した問題を掲載しています。頁の都合上，問題文の一部を変更している場合があります。

●付録 Web アプリ
本書の読者特典として，機器・工具などに関する過去問題の Web アプリをご利用できます。Web アプリのご利用にあたっては，SHOEISHAiD への登録と，アクセスキーの入力が必要になります。画面の指示に従って進めてください。

https://www.shoeisha.co.jp/book/exam/9784798191416/
※図書館利用者の方はご利用いただけません。

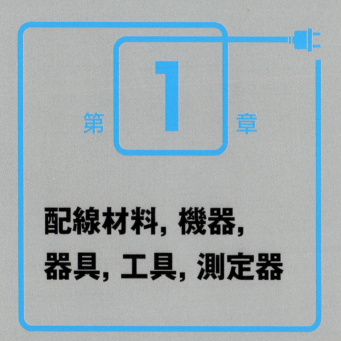

第1章

配線材料, 機器, 器具, 工具, 測定器

01 電線の種類

絶縁電線は,屋内配線用と屋外配線用があります。

表1:絶縁電線の記号と名称,用途

記号	絶縁電線の名称	用途(最高許容温度)
IV	600 V ビニル絶縁電線	屋内配線 (60 ℃)
HIV	600 V 二種ビニル絶縁電線	耐熱を要する屋内配線 (75 ℃)
DV	引込用ビニル絶縁電線	屋外引込用。架空引込配線
DE	引込用ポリエチレン絶縁電線	屋外引込用。架空引込配線
OW	屋外用ビニル絶縁電線	屋外配線。低圧架空電線路

ケーブルは,絶縁電線を外装被覆(シース)で覆ったもので屋内,屋外,地中で使用できます。

表2:ケーブルの記号と名称,許容温度

記号	ケーブルの名称	最高許容温度
VVF	600 V ビニル絶縁ビニルシースケーブル平形	60 ℃
VVR	600 V ビニル絶縁ビニルシースケーブル丸形	60 ℃
CV	600 V 架橋ポリエチレン絶縁ビニルシースケーブル	90 ℃

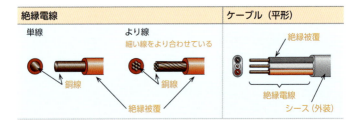

エコ電線,エコケーブルは,環境保全の観点から採用が増えています。

電線の種類

表3　エコ電線，エコケーブル

記号	名称
EM-IE	600 V 耐燃性ポリエチレン絶縁電線
EM-IC	600 V 耐燃性架橋ポリエチレン絶縁電線
EM-CE	600 V 架橋ポリエチレン絶縁耐燃性ポリエチレンシースケーブル
EM-EE	600 V ポリエチレン絶縁耐燃性ポリエチレンシースケーブル
EM-EEF	600 V ポリエチレン絶縁耐燃性ポリエチレンシースケーブル平形

　他に，CT（キャブタイヤケーブル）は移動用，MIケーブルは高温の場所（250～1 000 ℃），ビニルコードは電気を熱として利用しない小形機器の移動用，ゴムコードやゴム絶縁袋打ちコードや丸打ちコードは発熱する機器などに用います。

ここがポイント　電線の絶縁物の最高許容温度

V（ビニル）：60 ℃　　E（ポリエチレン）：75 ℃
C（架橋ポリエチレン）：90 ℃　　HIV：75 ℃
MI：250～1 000 ℃

例題

問1　CVケーブルの絶縁物の最高許容温度は。

解説　表2を参照。C：絶縁物は架橋ポリエチレン，V：シースはビニル　【解答 90 ℃】

問2　IV電線の絶縁物の最高許容温度は。

解説　表1を参照。I：屋内で使用，V：絶縁物はビニル　【解答 60 ℃】

問3　EM-EEFの絶縁物の最高許容温度は。

解説　「ここがポイント」を参照。EM：エコ材料を使用，E：絶縁物はポリエチレン，F：平形　【解答 75 ℃】

問 4 最高許容温度が最も高いのは。

イ．CV　　ロ．HIV　　ハ．VVR　　ニ．IV

解説 CV：90℃，HIV：75℃，VVR：60℃，IV：60℃　【解答 イ】

問 5 耐熱性が最も優れているのは。

イ．HIV　　ロ．IV　　ハ．MI　　ニ．VV

解説 MI：絶縁物は無機物で，耐熱温度は250～1 000℃　【解答 ハ】

問 6 ビニルコードが使用できるものは。

解説 P.3 を参照。　　　　【解答 熱として利用しない機器】

問 7 地中配線に使用できるものは。

イ．OW　　ロ．CV　　ハ．DV　　ニ．IV

解説 地中配線に使用できるのはケーブルのみで絶縁電線は使用できません。　　　　【解答 ロ】

問 8 EM-CE の名称は。

解説 表3を参照。　【解答 600 V 架橋ポリエチレン絶縁耐燃性ポリエチレンシースケーブル】

問 9 写真に示す材料の名称は。

タイシガイセン EM600V EEF/F 1.6mm JIS JET ＜PS＞E の表示がある。

解説 EM：Eco-Matetial（エコ材料），EE：絶縁材料とシースがポリエチレン，F：平形，/F：耐燃性　【解答 600 V ポリエチレン絶縁耐燃性ポリエチレンシースケーブル平形】

02 スイッチ（点滅器）

1章 配線材料、機器、器具、工具、測定器

　スイッチ（点滅器）は，単極スイッチ，3路スイッチ，4路スイッチをはじめ各種スイッチが用いられます。

写真	接点構成と図記号	基本回路

単極スイッチ：スイッチ（点滅器）は，非接地側（黒）に入れます。

 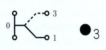 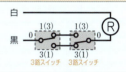

単極スイッチ

3路スイッチ：3路スイッチ2個を用い，2箇所で点滅させます。

 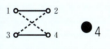 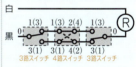

3路スイッチ　3路スイッチ

4路スイッチ：3路スイッチと4路スイッチを組み合わせ，3箇所以上の点滅に用います。

   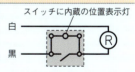

3路スイッチ　4路スイッチ　3路スイッチ

位置表示灯内蔵スイッチ：電灯が消灯時に表示灯が点灯します。

  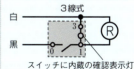

「切」で点灯　　スイッチに内蔵の位置表示灯

確認表示灯内蔵スイッチ：電灯が点灯時に表示灯が点灯します。

   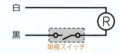 

「入」で点灯　　3線式　2線式　スイッチに内蔵の確認表示灯

5

写真		接点構成と図記号
2極スイッチ （両切）		● 2P
確認表示灯内蔵 3路スイッチ		● 3 H
遅延スイッチ ：「切」にした後 一定時間後に切れる		● D

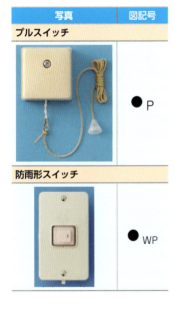

スイッチ（点滅器）

写真	図記号
自動点滅器： 明暗により自動的に「入」「切」する 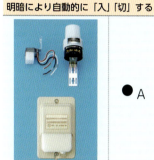	●A
熱線式自動スイッチ： 人体を検知し動作する 	●RAS
タイムスイッチ 	TS
調光器： 電灯の明るさを調節する 	

写真	図記号
リモコンスイッチ 	●R
リモコンセレクタスイッチ： リモコンスイッチを集合したもの 	（点滅回路数）
表示灯（パイロットランプ） 	○
スイッチプレート 	1個用
	2個用
	3個用

1章　配線材料、機器、器具、工具、測定器

スイッチの図記号と傍記文字記号

表4：主なスイッチと傍記文字記号

図記号	名称
●	単極スイッチ（片切スイッチ）
●3	3路スイッチ
●4	4路スイッチ
●H	位置表示灯内蔵スイッチ
●L	確認表示灯内蔵スイッチ
●2P	2極スイッチ（両切）
●3H	位置表示灯内蔵3路スイッチ

図記号	名称
⌀	調光器（矢印は明るさを変化する意味）
●D	遅延スイッチ
●P	プルスイッチ
●WP	防雨形スイッチ
●A	自動点滅器
●RAS	熱線式自動スイッチ
●R	リモコンスイッチ
◆	ワイドハンドル形点滅器

H：Here，L：Load，D：Delay，P：pull，WP：Weathr Proof，A：Automatic
RAS：heat-Rays Automatic sensor Switch，R：Remote control，2P：2 Pole

例題

問1 ●L 図記号の器具は。

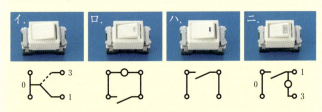

解説 確認表示灯内蔵スイッチ。パイロットランプにより動作確認ができます。L：Load 負荷の動作確認　【解答 ニ】

問2 写真の器具の用途は。

解説 自動点滅器。図記号は●_A（A：Automatic light switch）
【解答 屋外灯などを自動点滅させる】

問3 写真の器具の用途は。

解説 熱線式自動スイッチ。図記号は●_RAS（heat-Rays（熱線式）Automatic（自動）sensor（検出器）Switch（スイッチ））
【解答 人の接近により自動点滅させる】

問4 ●_WP 図記号の「WP」の意味は。

解説 WPは「Water Proof 雨水に耐える」の意。
【解答 防雨形】

問5 ●_D 図記号の器具の種類は。

解説 Dは「Delay 遅延」の意。一定時間経過後にOFFになることから。　【解答 遅延スイッチ】

問6 ◆ 図記号の名称は。

解説 ◆の数でスイッチの数を表します。
【解答 ワイドハンドル形点滅器】

問7 ●_R 図記号の名称は。

解説 Rは「Remote 遠隔」の意。　【解答 リモコンスイッチ】

問8 ●_H 図記号の名称は。

解説 Hは「Here ここ」の意。暗くてもスイッチの位置がわかるように。　【解答 位置表示灯内蔵スイッチ】

03 コンセント

　コンセントは，定格電圧及び定格電流，単相，三相又は用途により，刃受けの形状と極配置，接地極，接地端子の有無などが異なります。

15 A 125 V	15 A 125 V 接地極付	20 A 125 V	20 A 125 V 接地極付
	接地極	20 A	20 A 接地極
⊖	⊖ E	⊖ 20A ※20 A 専用	⊖ 20A E ※15 A のプラグも差せる

20 A 125 V 接地極付 接地端子付	15 A 125 V 2口 接地極付 接地端子付	15 A 250 V 接地極付	20 A 250 V 接地極付 接地端子付
接地極 接地端子	接地極 接地端子	接地極	接地極 20 A 接地端子
⊖ EET 20A	⊖ 2 EET	⊖ E 250V	⊖ EET 20A 250V ※15 A のプラグも差せる

2：2口（フタクチ）差込口が2つ　15 A 定格 125 V 定格は，図記号に傍記しない
E：接地極付　ET：接地端子付　EET：接地極付接地端子付
※ 100 V 用のコンセントは定格電圧が 125 V，200 V 用のコンセントは定格電圧が 250 V である。

コンセント

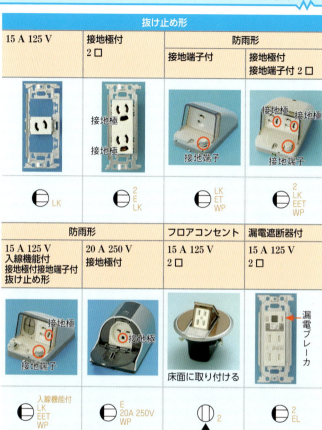

接地 3P 250 V 接地極付（三相 200 V 用）

15 A		引掛形 20 A	

接地 3P プラグ　　　　　　　接地 3P 引掛プラグ

コンセントの刃受けの配置と傍記記号が重要

- ⦅Ⅰ Ⅰ⦆ 単相 15 A 125 V
- ⦅└ ┘⦆ 単相 20 A 125 V
- ⦅┤Ⅰ⦆ 単相 20 A 125 V（15 A 兼用）
- ⦅─ ─⦆ 単相 15 A 250 V
- ⦅┐ ─⦆ 単相 20 A 250 V（15 A 兼用）
- ⦅∧⦆ 三相 250 V   ⦅┘Ⅰ└⦆ 三相 250 V（接地極付）
- ⦅◠⦆ 引掛形三相 250 V   ⦅◠⦆ 引掛形三相 250 V（接地極付）

※電圧は定格電圧を表し，125 V は 100 V，250 V は 200 V で使用する。

表5：コンセントの図記号に傍記する文字記号

2	2 口以上は，口数を傍記	LK	抜け止め形
3P	3 極以上は，極数を傍記	T	引掛形
E	接地極付	EL	漏電遮断器付
ET	接地端子付	WP	防雨形
EET	接地極付接地端子付	H	医用

※屋外や台所などに施設するコンセントは接地極付とし，接地端子を備えることが望ましい。

E：Earth ET：Earth Terminal EET：Earth and Earth Terminal
LK：LocK T：Twist lock EL：Earth Leakage circuit breaker
WP：Water Proof 3P：3Pole H：Hospital

例題

問1 写真のコンセントの傍記文字記号は。

イ.

ロ.

ハ.

ニ.

ホ.

ヘ.

ト.	チ.	リ.	ヌ.	ル.

解答 イ. 2　ロ. 2E　ハ. ET　ニ. EET　ホ. E 20A　ヘ. E 250V
ト. EET 20A 250V　チ. 2 LK　リ. 2 LK EET WP　ヌ. E 3P 250V　ル. E 3P 20A 250V T

※ 15 A，125 V は傍記しない。傍記する場所は図記号の近傍。

問2 ⊖ E20A 図記号のコンセントの極配置（刃受）は。

イ. 　ロ. 　ハ. 　ニ.

解説 イ. 20 A 250 V 接地極付　ロ. 15 A 125 V 接地極付
ハ. 15 A 250 V 接地極付　ニ. 20 A 125 V 接地極付

【解答 ニ】

問3 ⊖ 3P 250V E 図記号のコンセントの極配置（刃受）は。

イ. 　ロ. 　ハ. 　ニ.

解説 イ. 3 極 250 V 接地極付　ロ. 3 極 250 V 接地極付引掛形
ハ. 3 極 250 V 引掛形　ニ. 3 極 250 V

【解答 イ】

問4 傍記文字記号が ET のコンセントは。

解説

イ. ⊖₂　ロ. ⊖₂ₑ　ハ. ⊖ₑₜ　ニ. ⊖ₑₑₜ

15 A 125 V 接地端子付コンセントです。　【解答 ハ】

問5 傍記文字記号が E 20 A 250 V のコンセントは。

解説

イ. ⊖ EET 20A 250V　ロ. ⊖ E 20A 250V　ハ. ⊖ E 250V　ニ. ⊖ E 3P 20A 250V

20 A 250 V 接地極付コンセントはロです。

【解答 ロ】

04 配線用遮断器，漏電遮断器

配線用遮断器は過電流や短絡電流が流れたとき，漏電遮断器は漏電したとき，自動的に電路を遮断します。

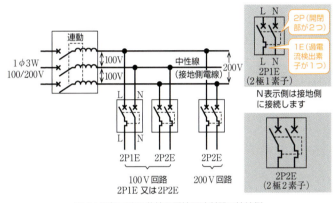

図1：電灯回路の分岐用配線用遮断器の接続例

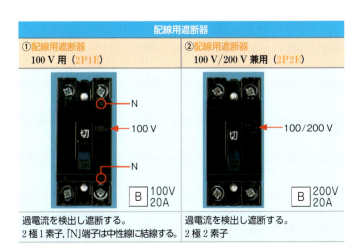

漏電遮断器（過負荷保護兼用）	
③漏電遮断器（過負荷保護付）100V用（2P1E）	④漏電遮断器（過負荷保護付）100V/200V兼用（2P2E）

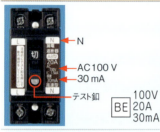

N
AC100V
30 mA
テスト釦

BE 100V 20A 30mA

地絡を検出又は過電流を検出し遮断する。「N」端子は中性線に結線する。

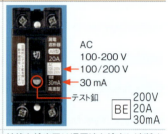

AC 100-200V
100/200V
30 mA
テスト釦

BE 200V 20A 30mA

地絡を検出又は過電流を検出し遮断する。

⑤漏電遮断器（過負荷保護付 中性線欠相保護機能付）	⑥モータブレーカ（電動機保護用配線用遮断器）

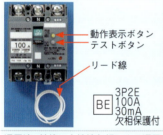

動作表示ボタン
テストボタン
リード線

BE 3P2E 100A 30mA 欠相保護付

過電流，地絡，中性線欠相による過電圧などで遮断する。

200V
2.2kW 相当

B 3P 10A 200V 2.2kW

電動機の過負荷保護用，電動機の容量又は電流の表示がある。

回路図の素子の数が重要

配線用遮断器の回路図

2P1E
L N
←素子→
L N
100V用

2P2E
L N
L N
100/200V用

漏電遮断器の回路図

2P1E
L N
←素子→
L N
100V用　漏電検出部

2P2E
L N
L N
100/200V用

16

配線用遮断器，漏電遮断器

ここがポイント　配線用遮断器と漏電遮断器の極数と素子

- 100 V 回路は，2P1E 又は，2P2E を用いる。
- 200 V 回路は，2P2E を用いる。

例題

問1 図で示す 200 V の分岐回路で使用する図記号の機器は。

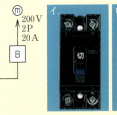

解説 200 V で使用する配線用遮断器より，2P2E のハが正解です。

【解答 ハ】

問2 写真に示す器具の名称は。

解説 ボタンの役割は，灰色：漏電のテスト，黄色：漏電表示，赤色：機械的にトリップ。　　【解答 漏電遮断器（過負荷保護付）】

問3 写真に示す器具の名称は。

200 V 2.2 kW 相当

解説 電動機の容量を示す 200 V 2.2 kW 相当の表示があります。　　【解答 モータブレーカ（電動機保護用配線用遮断器）】

問4 図で示す図記号の機器は。

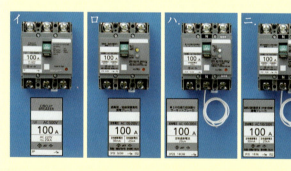

解説 図記号は中性線欠相保護機能付漏電遮断器（過負荷保護付）で，白色のリード線と黄色のボタンがあるニです。ボタンの役割は，灰色：動作のテスト，黄色：動作表示。
ハは中性線欠相保護機能付の配線用遮断器です。
ロは漏電遮断器（過負荷保護付），イは配線用遮断器です。

【解答 ニ】

05 各種照明用光源と特徴

照明用光源は，主に白熱電灯，蛍光灯などの放電灯が使用されてきましたが，省エネのため LED 照明が多くなっています。表6は，各種光源とその種類や特徴です。

表6　各種光源

光源	種類，ランプ効率，特徴
白熱電灯	一般的な白熱電球（11 ～ 18 lm/W）
	クリプトン電球（小形）， ハロゲン電球（一般電球よりも高効率）
放電灯	蛍光灯（40 ～ 80 lm/W）， インバータ式蛍光灯（110 lm/W）
	水銀灯（50 lm/W），ナトリウム灯（120 lm/W）
新しい光源 による照明	LED 照明（70 ～ 150 lm/W）
	直管 LED ランプによる照明（150 ～ 200 lm/W）

※〔lm/W〕（ルーメン毎ワット）は，ランプ効率で1 W の電力で発生する光束を示す。
※インバータ式蛍光灯は，Hf（high frequency）蛍光灯（高周波点灯蛍光灯）という。
　LED：Light Emitting Diode（発光ダイオード）

ペンダント （コードペンダント）	シーリングライト （天井直付）	シャンデリヤ	蛍光灯
⊖	Ⓒ Ⓛ	Ⓒ Ⓗ	又は

ダウンライト (天井埋込照明器具)	防雨形壁付照明器具	引掛シーリング	線付防水ソケット
	●WP	( ) 角　　( ) 丸	臨時配線の 電球用ソケット

直管 LED ランプの特徴

- **高効率**：150 〜 200 lm/W（白熱電球は 11 〜 18 lm/W）
- **長寿命**：40 000 時間（白熱電球は 1 000 時間）
- **低力率**：90 〜 95 %（白熱電球は 100 %）

LED：Light Emitting Diode（発光ダイオード）

例題

問1　直管 LED ランプに関する記述で誤っているものは。

(令 5 下後・問 15)

イ．すべての蛍光灯照明器具にそのまま使用できる。

ロ．蛍光灯より消費電力が小さい。

ハ．制御装置が内蔵されているものと内蔵されていないものがある。

ニ．蛍光灯に比べて寿命が長い。

各種照明用光源と特徴

解説 LED制御装置は，照明器具の内部に設置するか，又は器具の外部に施設します。LEDランプは各種の給電方式があり，LEDランプの仕様にあわせた回路に変更する工事が必要になります。　　　　　　　　　　　　　　　　　　　　　　【解答 **イ**】

問2 蛍光灯を，同じ消費電力の白熱電灯と比べた場合，**正しいものは。**　　　　　　　　　　　　　　　　　（令4上前・問15）

イ．力率がよい。

ロ．雑音（電磁雑音）が少ない。

ハ．寿命が短い。

ニ．発光効率が高い。

解説 蛍光灯は，力率は低い・寿命は長い・効率は高い。白熱灯は雑音を発生しない。　　　　　　　　　　　　　　　【解答 **ニ**】

問3 点灯管を用いる蛍光灯と比較して，高周波点灯専用形の蛍光灯の特徴として，**誤っているものは。**　　（令4下前・問15）

イ．ちらつきが少ない。

ロ．発光効率が高い。

ハ．インバータが使用されている。

ニ．点灯に要する時間が長い。

解説 インバータにより数十キロHzの高周波で点灯するもので，点灯に要する時間は短い。　　　　　　　　　　【解答 **ニ**】

06 三相誘導電動機

　三相誘導電動機とは，3つの巻線に三相の交流電流を流したときに生じる回転磁界中のかご形回転子が回転する電動機です。回転磁界の回転速度は電源周波数に同期しているので同期回転速度といい，N_s で表します。電動機の回転速度 N は，N_s より数パーセント遅くなります。また，電源線の3線のうち2線を入れ替えると回転磁界の方向が逆になり，電動機は逆転します。

図2：誘導電動機の構造

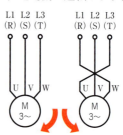

図3：3線のうち2線を入れ替えると逆転する

ここがポイント　三相誘導電動機の回転と力率改善

- 同期回転速度（回転磁界*の回転速度）N_s は，周波数 f〔Hz〕に比例し，極数 p に反比例する。
- $N_s = \dfrac{120f}{p}$〔min^{-1}〕（同期回転速度）
- 電源線の3線のうち2線を入れ替えると逆転する。
- 力率を改善*するには，低圧進相コンデンサを並列に入れる。

＊回転磁界：3つのコイルによってできる合成磁界が，周波数によって決まる速度で回転する。これを回転磁界という。
＊力率を改善：電動機の遅れ電流をコンデンサの進み電流で相殺し，電源からの電流を減少させること。

例題

問1 周波数 $f = 60$ Hz、極数 $p = 4$ の三相かご形誘導電動機の同期回転速度 N_s 〔min^{-1}〕は。

解説 $N_s = \dfrac{120f}{p} = \dfrac{120 \times 60}{4} = 1\,800$ min^{-1}

定格負荷時は、数％遅くなります。 【解答 $1\,800$ min^{-1}】

問2 極数 $p = 6$ の三相かご形誘導電動機を周波数 $f = 50$ Hz で使用するとき、同期回転度 N_s 〔min^{-1}〕は。

解説 $N_s = \dfrac{120f}{p} = \dfrac{120 \times 50}{6} = 1\,000$ min^{-1} 【解答 $1\,000$ min^{-1}】

問3 三相誘導電動機の電源周波数を 50 Hz から 60 Hz に変更したときの回転の状態は。

解説 回転磁界が f（周波数）に比例するので、回転速度は増加します。 【解答 回転速度が増加する】

問4 三相誘導電動機の3本の結線のうち2本を入れ替えるとどうなるか。

解説 回転磁界の回転方向が逆転するため、逆回転します。
【解答 逆回転する】

問5 負荷が増加すると回転速度はどうなるか。

解説 誘導電動機は滑りがあるため、回転速度が少し減少します。 【解答 回転速度が少し減少する】

問6 写真に示す機器の名称は。 （令5下前・問17）

イ．水銀灯用安定器
ロ．変換器
ハ．ネオン変圧器
ニ．低圧進相コンデンサ

解説 p.46 を参照。力率を改善するための機器です。【解答 ニ】

07 三相誘導電動機の始動

　三相かご形誘導電動機を直入れ始動（全電圧始動ともいい，電源電圧を直接加えて始動する方法）すると，定格電流の 6 倍程度（4～8 倍）の始動電流が流れます。始動電流を小さくする代表的な方法に Y-Δ 始動法があります。これは，始動時は電動機の巻線を Y 結線とし，回転速度が上昇した後に Δ 結線に切り替えて，運転する方法です。

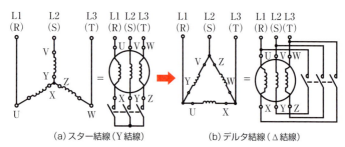

(a) スター結線 (Y 結線)　　(b) デルタ結線 (Δ 結線)

図 4：スターデルタ始動

ここがポイント　$Y-\Delta$ 始動の特徴

- 始動時間が長くなる。
- $Y-\Delta$ 始動の始動電流：$\dfrac{1}{3}$ 倍
- $Y-\Delta$ 始動の始動トルク：$\dfrac{1}{3}$ 倍
- 始動時（Y 結線）の巻線に加わる電圧：$\dfrac{1}{\sqrt{3}}$ 倍
- Δ 結線は，一筆書きで確認可能

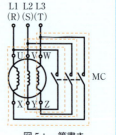

図 5：一筆書き

例題

問1 三相誘導電動機の始動において、じか入れ始動(全電圧始動)と比較して、スターデルタ始動の特徴を4つあげよ。

解答
始動電流が小さくなる($\frac{1}{3}$倍)。
始動トルクが小さくなる($\frac{1}{3}$倍)。
始動時の巻線電圧が小さくなる($\frac{1}{\sqrt{3}}$倍)。
始動時間が長くなる。

問2 必要に応じスターデルタ始動を行う電動機は。

解答 三相かご形誘導電動機

問3 三相誘導電動機の始動電流を小さくするために用いられる方法は。

 イ．三相電源の3本の結線を3本とも入れ替える。
 ロ．三相電源の3本の結線のうち、いずれか2本を入れ替える。
 ハ．コンデンサを取り付ける。
 ニ．スターデルタ始動装置を取り付ける。

解説 イ．3本を入れ替えても変化はありません。ロ．2本を入れ替えると逆転します。ハ．コンデンサを取り付けると電源から流れ出る電流が減少します。 【解答 ニ】

08 電気工事用工具

● 工具（技能試験で必要とされる指定工具）

ペンチ	電工ドライバ

電線やケーブルの切断に使用する。	（プラス，マイナス） ⊕ドライバ（呼び番号 2） ⊖ドライバ（歯幅 5.5）
電工ナイフ	スケール

絶縁電線の被覆やケーブルのシースを剥ぎ取るのに用いる。	電線の長さや配線器具間の寸法を測る。
ウォータポンププライヤ	リングスリーブ用圧着工具

ロックナットの締め付けなどに使用する。	リングスリーブを圧着し，電線を接続する工具（リングスリーブ用圧着ペンチ）

電気工事用工具

● 工具（金属管工事用工具）

パイプバイス	金切りのこ

電線管の切断やねじを切るときに管をはさんで固定する。パイプ万力ともいう。	金属管などを切断するときに用いる。
リーマ	クリックボール

クリックボールに取り付けて金属管切断面の内側の面取り（バリ取り）に用いる。	リーマを取り付け金属管内側の面取り（バリ取り），羽根ぎりで木板の穴あけなどに用いる。
平ヤスリ	リード型ねじ切り器
	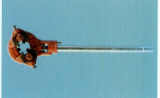
金属管の切断面を滑らかに仕上げるのに用いる。	金属管にねじを切るのに用いる。

1章　配線材料，機器，器具，工具，測定器

● 工具（金属管工事用工具）

パイプカッタ（金属管用）	油さし
	 金属管工事では必須
金属管を切断するのに用いる。	金属管の切断やねじを切るとき，油をさしながら作業を行う。
パイプベンダ	パイプレンチ

金属管を曲げるのに用いる。	金属管やカップリングなどの丸いパイプを回すのに用いる。
高速切断機（高速カッタ）	ホルソ

金属管の切断に用いる。	電気ドリルに取り付けて金属板に穴をあけるのに用いる（プルボックスの穴あけなど）。

● 工具(合成樹脂管工事用工具,電動工具)

ガストーチランプ(ガスバーナ)

硬質ポリ塩化ビニル電線管の曲げ加工や差し込み接続のとき加熱して柔らかくする。

面取器

硬質ポリ塩化ビニル電線管切断面の内側と外側の面取りに用いる。

合成樹脂管用カッタ

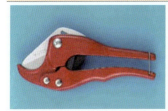

硬質ポリ塩化ビニル電線管の切断に用いる。

振動ドリル

回転+打撃(振動)でモルタル,コンクリートの穴あけに用いる。

ドリルドライバ

電動ドライバは,締めすぎ防止クラッチ機構がある。電動ドリル兼用。

ディスクグラインダ

金属管など鋼材のバリ取りや,木材,レンガ,タイルなどの研磨に用いる。

● 工具

ケーブルストリッパ (1)	ケーブルストリッパ (2)

ケーブルのシースの剥ぎ取り，絶縁電線の被覆の剥ぎ取り，電線の切断，輪作りに用いる。技能試験であると便利。	ケーブルのシースの剥ぎ取り，絶縁電線の被覆の剥ぎ取りに用いる。
ニッパ	プリカナイフ

電線の切断，VVRなどケーブルの介在物等の切断に用いる。技能試験であると便利。	二種金属製可とう電線管（プリカチューブ）の切断に用いる。
裸圧着端子・スリーブ用圧着工具	手動油圧式圧着器

電線に圧着端子を接続する（端子用圧着ペンチ）。また，Pスリーブによる電線接続にも用いる。	太い電線の圧着接続に用いる。

電気工事用工具

● 工具

ケーブルカッタ

ケーブルや太い電線の切断に用いる。

羽根ぎり・木工用ドリルビット

木板の穴あけに用いる。

ボルトクリッパ

メッセンジャーワイヤ等の切断に用いる。

張線器（シメラー）

メッセンジャーワイヤ（ちょう架用線）や電線などがたるまないように引っ張るのに用いる。

ノックアウトパンチャ

金属板などに穴をあけるのに用いる。ノックアウトパンチともいう。

呼び線挿入器（通線器）

通線ワイヤとケースからなり，電線管に電線を通線するのに用いる。

1章 配線材料，機器，器具，工具，測定器

31

ここがポイント 主な電気工事用工具

用途	名称
金属管をはさんで固定する	パイプバイス
金属管などを切断する	金切りのこ，パイプカッタ
金属管の切断面の面取りをする	クリックボール+リーマ+平ヤスリ
金属管を曲げる	パイプベンダ
VE管の曲げ，接続のとき加熱する	ガストーチランプ，ガスバーナ
VE管の切断面の面取りをする	面取器
VE管の切断に用いる	合成樹脂管用カッタ
金属板の穴あけに用いる	ノックアウトパンチャ，ホルソ
二種金属製可とう電線管の切断に用いる	プリカナイフ

例題

問1 VE管（硬質ポリ塩化ビニル電線管）の切断及び曲げ作業に使用する工具は。

解答 合成樹脂管用カッタ，面取器，トーチランプ

問2 ノックアウトパンチャの用途は。

解答 金属製キャビネットに穴をあける

問3 コンクリート壁に金属管を取り付けるときに用いる材料及び工具は。

解答 振動ドリル，カールプラグ，サドル，木ねじ

問4 電気工事の作業と使用する工具の組合せとして，誤っているものは。 （令5上後・問13）

イ．金属製キャビネットに穴をあける作業―ノックアウトパンチャ

ロ．木造天井板に電線管を通す穴をあける作業―羽根ぎり

ハ．電線，メッセンジャーワイヤ等のたるみを取る作業—張線器
ニ．薄鋼電線管を切断する作業—プリカナイフ

解答 ニ

問5 ねじなし電線管の曲げ加工に使用する工具は。

解答 パイプベンダ

問6 電気工事の種類と，その工事で使用する工具の組合せとして，**適切なものは**。 （令4下後・問13）

イ．金属線ぴ工事とボルトクリッパ
ロ．合成樹脂管工事とパイプベンダ
ハ．金属管工事とクリックボール
ニ．バスダクト工事と圧着ペンチ

解答 ハ

問7 写真に示す工具の名称は。

解答 手動油圧式圧着器

問8 写真に示す工具の用途は。

解答 リーマと組合わせて金属管の切断面の面取りに用いる。羽根きりを取り付け木板に穴をあける。

09 管工事用材料

● 電気工事用材料（金属管，合成樹脂管）

薄鋼電線管，厚鋼電線管
画像提供：パナソニック株式会社

薄鋼（19,25,31 など）
厚鋼（16,22,28 など）

管にねじを切って使用する。
薄鋼：外径に近い奇数
厚鋼：内径に近い偶数 }で表す。

ねじなし電線管（E管）
画像提供：パナソニック株式会社

（E19,E25,E31 など）

管にねじを切らずに使用する。外径に近い奇数で表す。

2種金属製可とう電線管

（F2 17，F2 24，F2 30 など）

自由に曲げられる金属製の電線管でプリカチューブともいう。

硬質ポリ塩化ビニル電線管（VE管）

（VE14，VE16，VE22 など）

曲げ加工は，トーチランプで加熱する。内径に近い偶数で表す。

合成樹脂製可とう電線管（PF管）

（PF14，PF16，PF22 など）

自由に曲げられる電線管。内径に近い偶数で表す。

合成樹脂製可とう電線管（CD管）
画像提供：未来工業株式会社

（CD 14，CD 16，CD 22 など）

自由に曲げられる電線管。コンクリート埋設用。オレンジ色で区別する。

● 電気工事用材料（ボックス類）

VVF用ジョイントボックス（端子なし）

VVFケーブルを接続する場所で用いるボックス

露出スイッチボックス

ねじなし電線管用　　PF管用。合成樹脂製

埋込スイッチや埋込コンセントを収めるボックス

埋込スイッチボックス

住宅のケーブル工事で使用。合成樹脂製

埋込スイッチや埋込コンセントを収めるボックス

ぬりしろカバーと取付枠

ねじ穴
ねじ穴
取付枠

ぬりしろカバーはスイッチボックスなどに取り付け，壁の仕上げ面を合わせる（写真はアウトレットボックス用）。取付枠を固定するねじ穴がある。

アウトレットボックス

プルボックス

電線の接続箇所に設ける。埋込器具を収めるなどする。

金属管の集合する箇所で，電線を接続したり，ケーブルの引込などに用いる。

● 電気工事用材料（金属管工事用付属品）

ねじなしボックスコネクタ	ねじなしブッシング

ねじなし電線管とボックスの接続に用いる。	ねじなし電線管の管端に取り付け，電線の被覆を保護する。
ロックナット	絶縁ブッシング

電線管とボックスの接続に用いる。ボックスの内と外から挟む形で締め付ける。	管端に取り付け電線の被覆を保護する。
ゴムブッシング	リングレジューサ

金属製ボックスにケーブルを通すときケーブルが損傷しないようにボックスの穴に取り付ける。	穴径より細い管をボックスと接続する。2枚でボックスの内と外から挟みロックナットで締める。

● 電気工事用材料(合成樹脂管工事用付属品)

TSカップリング

硬質ポリ塩化ビニル電線管どうしの接続に用いる。

2号ボックスコネクタ

硬質ポリ塩化ビニル電線管とボックスとの接続に用いる。

PF管用カップリング

PF管(合成樹脂製可とう電線管)どうしの接続に用いる。

PF管用ボックスコネクタ

PF管(合成樹脂製可とう電線管)とボックスの接続に用いる。

CD管用カップリング

CD管(合成樹脂製可とう電線管)どうしの接続に用いる。
オレンジ色はCD管用

FEP管用ボックスコネクタ

波付硬質合成樹脂管(FEP管)とボックスを接続するのに用いる。

● 電気工事用材料（カップリング，サドル）

カップリング （薄鋼電線管用カップリング）	ねじなしカップリング

薄鋼電線管どうしの接続に用いる。	ねじなし電線管どうしの接続に用いる。

コンビネーションカップリング（異なる種類の電線管を接続）		

PF管とねじなし電線管の接続に用いる。	2種金属製可とう電線管とねじなし電線管の接続に用いる。	PF管とVE管の接続に用いる。

PF管用サドル	金属管用サドル

PF管を造営材に固定するのに用いる。	金属管を造営材に固定するのに用いる。

● 電気工事用材料（各種配線材料）

ユニバーサル（ねじなし電線管用）

露出の金属管工事で，直角に曲がる箇所に用いる。

ストレートボックスコネクタ

2種金属製可とう電線管とボックスとの接続に用いる。

エントランスキャップ

金属管用

屋外の金属管工事の垂直配管の上部管端，水平配管の管端に取り付け，雨水の浸入を防ぐ。

ターミナルキャップ

画像提供：未来工業株式会社

合成樹脂管用

屋外の合成樹脂管工事の水平配管の管端に取り付け，雨水の浸入を防ぐ。

接地金具（ラジアスクランプ）

金属管に接地線などを電気的に接続するために金属管に巻き付けて電線を固定する。

ノーマルベンド（ねじなし電線管用）

ねじなし電線管による工事で，直角に曲がる箇所に用いる。

● 電気工事用材料

リングスリーブ	差込形コネクタ

電線相互を接続するスリーブで，小・中・大の3種類がある。専用の圧着工具で圧着する。	心線を規定量はぎ取り，コネクタ下部より差し込んで電線相互を接続するのに用いる。
ステープル（ステップル）	カールプラグ（コンクリートプラグ）

VVFケーブルを造営材に固定するのに用いる。	コンクリートに木ねじで固定するとき，ねじが効くように下穴に差し込む部材。
銅線用裸圧着端子	パイラック

電線の端に圧着して付けるもので，機器の端子ねじに簡単に結線できる。	金属管を鉄骨などに固定するときに用いる。

管工事用材料

● 電気工事用材料（各種配線材料と地中配線用材料）

1章 配線材料・機器・器具・工具・測定器

1種金属製線ぴ	2種金属製線ぴ

幅が 4 cm 未満で，造営材に固定して絶縁電線やケーブルの収納に用いる。	幅が 4 cm 以上 5 cm 以下で，天井などに吊るして絶縁電線やケーブルの収納に用いる。また，蛍光灯などの照明器具を下部に取り付けるのに用いる。
ライティングダクト	ケーブルラック

照明器具などを任意の位置に取り付けることができる給電レールで，店舗などで多く使われる。	多数のケーブルを載せて支持固定するのに用いる。

地中配線用材料（地中配線でケーブルを保護する）

トラフ	耐衝撃性硬質ポリ塩化ビニル電線管（HIVE 管）	波付硬質合成樹脂管（FEP 管）

直接埋設式で用いる。	管路式で用いる。衝撃が加わる場所で用いる合成樹脂管	管路式で用いる。衝撃に強い可とう管

画像提供：未来工業株式会社

● 電気工事用材料（各種配線材料と機器）

分電盤	換気扇	
	壁付	天井付

引込口開閉器（漏電遮断器）と分岐用の配線用遮断器を集合したもの

電流計付箱開閉器	カバー付ナイフスイッチ

電動機の手元開閉器として用いる。　電動機等の開閉器として用いる。

引き留めがいし	接地棒（アース棒）

DV線, DE線（引込用絶縁電線）を引き留めるのに用いる。　大地に打ち込み接地極として用いる。

管工事用材料

主な電気工事用材料

用途	電気工事用材料
引込用開閉器及び分岐回路用配線用遮断器を集合して設置する	分電盤
電線の引き入れを容易にする，電線相互を接続する，埋込器具を収める等のボックス	アウトレットボックス
多数の金属管の集合する場所で通線を容易にし，電線の接続やケーブルの引込などを行う	プルボックス
屋外の管工事で，垂直又は水平配管の管端に取り付け雨水の浸入を防ぐ	エントランスキャップ（entrance：入り口）
屋外の管工事で，水平配管の管端に取り付け雨水の浸入を防ぐ	ターミナルキャップ（terminal：終端）
異なる種類の電線管の接続を行う	コンビネーションカップリング
VE管同士の接続に用いる	TSカップリング
直角に曲がる箇所で用いる	ノーマルベンド
2種金属製可とう電線管とボックスとの接続に用いる	ストレートボックスコネクタ
照明器具などを任意の位置に取り付けることができる給電レール	ライティングダクト
多数のケーブルを載せて支持固定するのに用いる	ケーブルラック
直接埋設式の地中配線工事でケーブルを保護する	トラフ

例題

問1 金属管工事において使用されるリングレジューサの使用目的は。

解答 アウトレットボックスの穴の径が大きい方に細い管を接続するのに使用する。

問2 合成樹脂管工事に使用される2号コネクタの使用目的は。

解説 2号(ボックス)コネクタはロックナットで固定できるが1号は固定できない, という違いがあります。【解答 硬質ポリ塩化ビニル電線管をアウトレットボックスに接続する】

問3 金属管工事において, 絶縁ブッシングを使用する主な目的は。

解答 電線の被覆を損傷させないため

問4 コンクリート壁に金属管を取り付けるときに用いる材料及び工具は。

解説 振動ドリルで下穴を開け, カールプラグを差し込んで, サドルと木ねじで固定します。
【解答 振動ドリル, カールプラグ, サドル, 木ねじ】

問5 ねじなしボックスコネクタに関する記述として, 誤っているものは。
イ. ボンド線を接続するための接地用の端子がある。
ロ. ねじなし電線管と金属製アウトレットボックスを接続するのに用いる。
ハ. ねじなし電線管との接続は止めねじを回して, ねじの頭部をねじ切らないように締め付ける。
ニ. 絶縁ブッシングを取り付けて使用する。

解説 ねじの頭部は, ねじ切れるまで締め付けます。　【解答ハ】

管工事用材料

問6 写真の材料の名称は

イ.

ロ.

ハ.

ニ.

ホ.

ヘ.

解答 イ. ケーブルラック　ロ. PF管用カップリング　ハ. 銅線用裸圧着端子　ニ. TSカップリング　ホ. PF管用露出スイッチボックス　ヘ. PF管用サドル

問7 雨線外（雨のかかる場所）の工事で，図のA，Bに使用するものは。

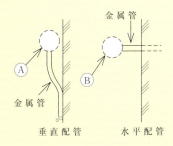

解説 エントランスキャップはA及びB，ターミナルキャップはBのみで使用できます。

【解答 エントランスキャップ，ターミナルキャップ】

1章 配線材料・機器・器具・工具・測定器

10 その他の機器，材料

● 機器（制御用）

電磁開閉器用押しボタンと電磁開閉器	三相誘導電動機

ONボタンを押すと電磁開閉器が動作し電動機の電源が入り運転する。 OFFボタンを押すと電動機は停止する。	三相の電源で運転するモータ
タイマ	低圧進相コンデンサ

電源が入り設定時間後に接点が動作する。	電動機と並列に接続し，力率を改善する（電源からの電流を減少させる役割をする）。
リモコンスイッチとリモコンリレー	リモコン変圧器
リモコンスイッチを押すとリモコンリレーの接点が閉じ，照明器具の電源が入り点灯する。再び押すと接点が開き消灯する。	リモコン回路の電源電圧を24Vに下げる。

46

その他の機器，材料

ここがポイント 主な制御用機器

用途	機器
電磁接触器と熱動継電器を組合わせ，電動機の運転制御を行う	電磁開閉器
電磁石によって接点の開閉を行い電動機の「入」「切」の制御を行う	電磁接触器
サーマルリレーともいい，電動機の過負荷が継続したときに動作する	熱動継電器
三相誘導電動機と並列に結線し力率改善を行う	低圧進相コンデンサ
リモコンスイッチの操作により動作するリレーで，接点の「入」「切」で電灯の点滅を行う	リモコンリレー
電圧を100Vから24Vに下げリモコン回路に電源を供給する	リモコン変圧器

例題

問 写真の機器の名称は。

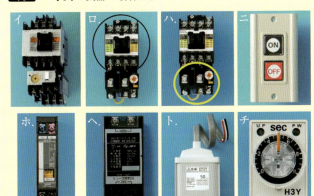

解答 イ．電磁開閉器　ロ．電磁接触器　ハ．熱動継電器　ニ．電磁開閉器用押しボタン　ホ．リモコンリレー　ヘ．リモコン変圧器　ト．低圧進相コンデンサ　チ．タイマ

11 主な測定器

● 測定器

回路計（テスタ）	接地抵抗計（アーステスタ）

回路の電圧，抵抗，導通などを調べる。	接地抵抗を測定する。補助接地棒が2本あることから判断できる。
絶縁抵抗計（メガー）	検相器（相回転計）
	回転式 / ランプ式
絶縁抵抗を測定する。MΩがある。	三相回路の相順を調べる。
クランプ形電流計（クランプメータ）	クランプ形漏れ電流計（クランプメータ）

輪の部分に電線を通して電流を測定する。	輪の部分に1回路の電線全部，又は接地線を通す。漏れ電流を測定する。

● 測定器

⑦ 電力量計とスマートメータ　Wh

電力量計	スマートメータ

電力量を測定する。
スマートメータは遠隔で測定する。

⑧ 照度計

照度を測定する。

⑨ 検電器

充電の有無を確認する。

⑩ レーザ墨出し器

基準線を投影する。

ここがポイント　主な測定器

用途	測定器
電圧・抵抗の測定，導通試験	回路計
三相回路の相順を調べる	検相器（相回転計）
電線の電流を測定する	クランプ形電流計
漏れ電流を測定する	クランプ形漏れ電流計
充電の有無，接地側か非接地側かを調べる	検電器
照度を測定する	照度計
基準線の投影	レーザ墨出し器

例題

問 1 低圧回路を試験する場合の測定器と試験項目の組合せとして，誤っているものは。

イ．回路計と導通試験
ロ．検相器と電動機の回転速度の測定
ハ．電力計と消費電力の測定
ニ．クランプ形電流計と負荷電流の測定

解説 ロが誤りです。検相器は，三相3線式配線の相順（相回転）を調べるものです。イ，ハ，ニは，正しい記述です。　【解答 ロ】

問 2 写真の器具の用途は。　　　　　　　　　　（令3上後・問17）

イ．器具等を取り付けるための基準線を投影するために用いる。
ロ．照度を測定するために用いる。
ハ．振動の度合いを確かめるために用いる。
ニ．作業場所の照明として用いる。

解説 写真の器具はレーザ墨出し器です。　　　　　　　【解答 イ】

第2章

配線図

アクセスキー H （大文字のエイチ）

12 一般配線の図記号

配線図は，電気設備を決められた図記号で描いたもので，工事技術者は図面の読み書きができるようにする必要があります。

配線図用図記号の中でも，一般配線の図記号は，設計図の基本となるものです。主な図記号として表1，表2があります。

表1：一般配線の図記号①

図記号	名称など
———————	天井隠ぺい配線 天井内で見えない配線
– – – – – –	床隠ぺい配線 床内で見えない配線
··················	露出配線 見える配線
—·—·—·—	地中配線 地中に埋める配線
VVF1.6-2C	VVFケーブル1.6 mm 2心による配線
IV1.6(19)	IV 1.6 mm 2本を薄鋼電線管に通した配線 (19) 奇数表示は薄鋼電線管を表す。
IV1.6(16)	IV 1.6 mm 2本を厚鋼電線管に通した配線 (16) 偶数表示は厚鋼電線管を表す。
IV1.6(E19)	IV 1.6 mm 2本をねじなし電線管に通した配線 (E19) Eはねじなし電線管を表す。
IV1.6(VE16)	IV 1.6 mm 2本を硬質ポリ塩化ビニル電線管（VE管）に通した配線
IV1.6(PF16)	IV 1.6 mm 2本を合成樹脂製可とう電線管（PF管）に通した配線
IV1.6(F2 17)	IV 1.6 mm 2本を2種金属製可とう電線管（F2管）に通した配線

一般配線の図記号

図記号	名称など
⊡------------ LD	ライティングダクト 照明器具を自由に移動するためのダクト
CV 5.5-2C（HIVE28）	CVケーブル 5.5 mm² 2心を耐衝撃性硬質ポリ塩化ビニル電線管（HIVE管）に通した地中配線
CV 5.5-2C（FEP30）	CVケーブル 5.5 mm² 2心を波付硬質合成樹脂管（FEP管）に通した地中配線

図記号の（ ）内は電線管の呼び方（数値は mm）
・薄鋼電線管は、管外径に近い奇数値→ (19) など
・ねじなし電線管は、管外径に近い奇数値→ (E19) など
・厚鋼電線管は、管内径に近い偶数値→ (16) など
・VE、HIVE、PF、FEP は、管内径に近い偶数値 → (VE16)、(HIVE28)、(PF16)、(FEP30) など
・F2 は、管内径に近い数値→ (F2 17) など

表2：一般配線の図記号②

図記号	名称など
♂	立上り 上の階への配線（例：1階から2階へ）
♀	引下げ 下の階への配線（例：2階から1階へ）
♂	素通し　下の階から上の階への配線 （例：1階から3階へ配線するときの2階部分）
⊠	プルボックス 金属管等の電線管の集まる箱
□	ジョイントボックス（アウトレットボックス） 電線の接続箱などに用いる
⊘	VVF用ジョイントボックス VVFケーブルの接続箱
⏚	接地端子 接地線を結線する端子
⏛	接地極 大地に接する極	接地種別の例 E_A E_B E_C E_D
⌇	受電点 引込口に適用してもよい

53

ここがポイント　一般配線の図記号

――― 天井　---- 床　……… 露出　―・― 地中

(19)：外径 19 の薄鋼　　(16)：内径 16 の厚鋼
(E19)：外径 19 のねじなし
(VE16)：内径 16 の塩ビ管　(PF16)：内径 16 の PF 管
(F2)：2 種金属製可とう電線管
(HIVE)：耐衝撃性硬質ポリ塩化ビニル電線管
(FEP)：波付硬質合成樹脂管
LD：ライティングダクト

| 立上り | 引下げ | 素通し | プルボックス | ジョイントボックス | 接地端子 | 接地極 | 受電点 |

例題

問 1　低圧屋内配線の図記号と，それに対する施工方法の組合せとして，正しいものは。 （令 5 下前・問 21）

イ．　------///------　　厚鋼電線管で天井隠ぺい配線
　　　　IV1.6（E19）

ロ．　―――///―――　　硬質ポリ塩化ビニル電線管で露出配線
　　　　IV1.6（PF16）

ハ．　―――///―――　　合成樹脂製可とう電線管で天井隠ぺい配線
　　　　IV1.6（16）

ニ．　------///------　　2 種金属製可とう電線管で露出配線
　　　　IV1.6（F2 17）

解説　正しいものはニです。
天井隠ぺい配線は ―――――――，露出配線は - - - - - - - - -
（　）内の数字が，偶数は厚鋼電線管，奇数は薄鋼電線管を表します。
主な電線管の記号は，表のとおりです。

記号	電線管の種類	記号	電線管の種類
E	ねじなし電線管	VE	硬質ポリ塩化ビニル電線管
PF	合成樹脂製可とう電線管	FEP	波付硬質合成樹脂管
F2	2種金属製可とう電線管	HIVE	耐衝撃性硬質ポリ塩化ビニル電線管

E：Electric（電気用）　　VE：Vinyl（ビニル）Electric（電気用）
FEP：Flexible（可とう）Electric（電気用）Plastic（合成樹脂）
F2：Flexible（可とう）2種　　PF：Plastic（合成樹脂）Flexible（可とう）
HIVE：High Impact（耐衝撃）Vinyl Electric

【解答 ニ　2種金属製可とう電線管で露出配線】

問2　□　図記号の名称は。

【解答 ジョイントボックス（JIS。一般名称は，アウトレットボックス）】

問3　⊠　図記号の名称は。

【解答 プルボックス】

問4　（PF22）とは。

イ．外径 22 mm の硬質ポリ塩化ビニル電線管
ロ．外径 22 mm の合成樹脂製可とう電線管
ハ．内径 22 mm の硬質ポリ塩化ビニル電線管
ニ．内径 22 mm の合成樹脂製可とう電線管

解説　PF は合成樹脂製可とう電線管，22 は管の内径が 22 mm を表します。合成樹脂管（PF 管，VE 管）の呼び方は，管の内径に近い偶数値で表します。　　【解答 ニ】

問5　- - - -　図の配線方法は。

【解答 床隠ぺい配線】

問6　（FEP）とは。

イ．波付硬質合成樹脂管
ロ．硬質ポリ塩化ビニル電線管
ハ．耐衝撃性硬質ポリ塩化ビニル電線管
ニ．耐衝撃性硬質ポリ塩化ビニル管

【解答 イ】

13 機器,照明器具の図記号

機器の主な図記号に,表3のものがあります。

表3:機器の図記号

図記号	名称など
Ⓜ	電動機　　Ⓜ 3φ200V 3.7kW　必要に応じ,電気方式,電圧,容量などを傍記する
⊥	コンデンサ 電動機の力率改善などに用いる
Ⓗ	電熱器
∞	壁付の換気扇　　⊂∞⊃ 天井付の換気扇
RC	ルームエアコン　　RC 0 屋外ユニット　RC I 室内ユニット
Ⓣ	小形変圧器　　Ⓣ R リモコン変圧器　Ⓣ N ネオン変圧器

ここがポイント **機器の図記号**

Ⓜ 電動機　⊥ コンデンサ　Ⓗ 電熱器　∞ ⊂∞⊃ 換気扇　RC 0 RC I ルームエアコン　Ⓣ 小形変圧器

機器，照明器具の図記号

一般照明器具の主な図記号に，表4のものがあります。

表4：照明器具の図記号

図記号	名称など	
⊖	ペンダント	天井から吊り下げる照明器具
Ⓒ CL	シーリングライト	天井に直付けする照明器具
Ⓒ CH	シャンデリヤ	装飾を兼ねた照明器具
Ⓒ DL	ダウンライト	天井埋込照明器具
◐	壁付白熱灯	壁側を塗る
⊗	屋外灯	庭園灯など
◯H	水銀灯	H：水銀灯　M：メタルハライド灯　N：ナトリウム灯
▭◯▭	蛍光灯	天井に取り付ける　ボックスなし
▭◐▭	壁付蛍光灯	壁側を塗る
▢◯▢	蛍光灯	形状に応じた表示とする
▭●▭	非常用照明	建築基準法によるもの
▭⊗▭	誘導灯	消防法によるもの　避難口誘導灯，通路誘導灯
▭( )▭	引掛シーリング（角）　( )（丸）	

2章　配線図

ここがポイント　照明器具の図記号

ペンダント　シーリングライト　シャンデリヤ　ダウンライト　白熱灯（壁付）　屋外灯　水銀灯

蛍光灯　蛍光灯（壁付）　引掛シーリング

例題

問1 図記号の機器は。　　　（令1上・問45）

イ.　　　　　ロ.　　　　　ハ.　　　　　ニ.

解説 図記号は，ハの**天井付の換気扇**です。イ．換気扇（壁付）⊗⊗，ロ．天井埋込照明器具 (DL)，ニ．白熱灯（壁付）●。

【解答 **ハ**】

問2 ─[ ]←⑤　　　（令1下・問35）

⑤で示す部分にペンダントを取り付けたい。図記号は。

　イ. (CH)　　ロ. (○)　　ハ. ⊖　　ニ. (CL)

解説 **ペンダント**の図記号は，ハ．⊖（**天井から吊り下げる**照明器具）です。

【解答 **ハ**】

58

14 スイッチ，コンセントの図記号と傍記する文字記号

点滅器（スイッチ）の主な図記号には，表5のものがあります。

表5：点滅器等の図記号

●	◆	○●	調光器	調光器（ワイド型）	リモコンセレクタスイッチ
一般形	ワイドハンドル形	確認表示灯別置	調光器	調光器（ワイド型）	リモコンセレクタスイッチ

点滅器に傍記する文字記号

表6：点滅器に傍記する主な文字記号

記号	摘要（機能）	記号	摘要（機能）
2P	2極スイッチ	WP	防雨形スイッチ
3	3路スイッチ	RAS	熱線式自動スイッチ
4	4路スイッチ	R	リモコンスイッチ
H	位置表示灯内蔵スイッチ	T	タイマ付スイッチ
L	確認表示灯内蔵スイッチ	A(3 A)	自動点滅器（定格電流を傍記）
D	遅延スイッチ	P	プルスイッチ

リモコンセレクタスイッチには，点滅回路数を傍記する。⊕9
定格電流15 Aは傍記しない，15 A以外は傍記する。

コンセントの主な図記号には，表7のものがあります。

表7：コンセントの図記号

一般形	ワイド形	天井取付	床面取付	二重床用	非常用（消防法によるもの）

壁付は，壁側を塗る。

ここがポイント コンセントに傍記する文字記号

表8 コンセントに傍記する主な文字記号

記号	摘要	記号	摘要
2	2口以上は，口数を傍記	T	引掛形コンセント
E	接地極付コンセント	EL	漏電遮断器付コンセント
ET	接地端子付コンセント	H	医用コンセント
EET	接地極付接地端子付コンセント	3P	3極以上は，極数を傍記
WP	防雨形コンセント	20 A	20 A以上は，定格電流を傍記
LK	抜け止め形コンセント	250 V	250 V以上は，定格電圧を傍記

定格15 A，125 Vは，傍記しない。

例題

問1 以下の問に答えよ。

1. ●L 図記号の器具は。
2. ●WP 図記号の「WP」の意味は。
3. ●D 図記号の器具の種類は。
4. ●A 図記号の器具の名称は。
5. ●RAS 図記号の名称は。

解説

1. L：Load，負荷の動作確認 【解答 確認表示灯内蔵スイッチ】
2. WP：Water Proof（雨水に耐える） 【解答 防雨形】
3. D：Delay（遅延），「切」の後一定時間経過後に OFF 【解答 遅延スイッチ】
4. A：Automatic light switch，明暗により自動で「入」「切」する 【解答 自動点滅器】
5. heat-Rays（熱線式）Automatic（自動）sensor（検出器）Switch（スイッチ），人の接近によって自動で「入」となる。 【解答 熱線式自動スイッチ】

問2 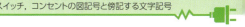 図で示す器具の**取り付け場所は**。

(令6上・問32)

イ. 床面　ロ. 天井面　ハ. 壁面　ニ. 二重床面

解説 図は天井面に取り付ける抜け止め形コンセントです。表7を参照。
LK：Lock（ロック）　　　　　　　　　　　　　【解答 ロ】

問3 ⊖ EET/EL　図で示す図記号の器具の種類は。

解説 表8を参照。

【解答 接地極付接地端子付漏電遮断器付コンセント】

問4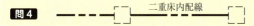

図の[ ]で示す部分は二重床用のコンセントである。その図記号は。
(平30上・問35)

イ.　ロ.　ハ.　ニ.

解説 表7を参照。　　　　　　　　　　　　　　【解答 イ】

問5 引掛形コンセントの図記号の傍記表示は。

(平30上・問34)

イ. ET　ロ. EL　ハ. LK　ニ. T

解説 表8を参照。T：Twist lock（ひねってロック）【解答 ニ】

15 開閉器，分電盤，その他の図記号

開閉器や分電盤などの主な図記号には，表9のものがあります。

表9：開閉器，分電盤などの図記号

図記号	名称など		
B	配線用遮断器	B 3P 200AF 150A	極数 フレーム 定格電流 } 傍記する
E	漏電遮断器	E 2P 30mA	極数 定格感度電流 } 傍記する
BE	過負荷保護付 漏電遮断器	BE 2P 30AF 15A* 30mA	極数 フレーム 定格電流 定格感度電流 } 傍記する *漏電遮断器の記号に定格電流を傍記してもよい
B B_M	モータブレーカ（電動機保護用配線用遮断器）		
Wh	電力量計（スマートメータ）	Wh 箱の無いもの	
TS	タイムスイッチ		
◤	電灯分電盤	引込口開閉器と分岐回路保護用配線用遮断器を集合した盤 ※JISでは分電盤	
◤◢	動力分電盤	電動機等に電力を供給，制御する盤 ※JISでは制御盤	
●_B	電磁開閉器用押しボタン		
●_LF3	フロートレススイッチ電極 3は電極数		
●_F	フロートスイッチ		

B：Breaker（遮断器）　E：Earth leakage（大地に漏れ）
Wh：Watt-hour meter　TS：Time Switch
B：push-Button switch（押しボタンスイッチ）
F：Float switch（浮きスイッチ）
LF：floatless switch（浮きなしスイッチ）

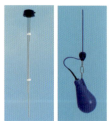

フロートレススイッチ電極（左）
フロートスイッチ（右）

開閉器，分電盤，その他の図記号

ここがポイント 開閉器，分電盤などの図記号

図記号	名称
	配線用遮断器
	漏電遮断器
	過負荷保護付漏電遮断器
	モータブレーカ
	電力量計
	タイムスイッチ
	電灯分電盤
	動力分電盤
	電磁開閉器用押しボタン

他には，主に表 10 の図記号があります。

表10：他の図記号

図記号	名称など		
●	押しボタン	◨ 壁付は，壁側を塗る	
⌂	ベル	Ⓐ 警報用	Ⓣ 時報用
⌐	ブザー	Ⓐ 警報用	Ⓣ 時報用
♪	チャイム		
▲	リモコンリレー	▲▲▲ 10 集合する場合は，リレー数を傍記する	
⊕	リモコンセレクタスイッチ	⊕9 点滅回路数を傍記する	
Ⓢ	開閉器	Ⓢ 2P30A f30A 極数，定格電流 ヒューズ定格電流 }傍記する	
Ⓢ	電流計付開閉器	Ⓢ 2P30A f30A 5A* ＊電流計の定格電流を傍記する	

ここがポイント 他の図記号

 押しボタン
 リモコンリレー 集合する場合は数を傍記

 リモコンセレクタスイッチ
 電流計付開閉器

63

例題

問1　モータブレーカの図記号は。

イ.　　　　ロ.　　　　ハ.　　　　ニ.
　B　　　　BE　　　　Ⓢ　　　　S

解説　表9を参照。　　　　　　　　　　　　【解答 **イ**】

問2　BE　図記号の名称は。

解説　表9を参照。　　　【解答 **漏電遮断器（過負荷保護付）**】

問3　▲▲▲ 2　図記号の器具の名称は。

解説　表10を参照。2は，2個集合を表します。
　　　　　　　　　　　　　　　　　　　　【解答 **リモコンリレー**】

問4　●LF3　図記号の器具の名称は。

解説　表9を参照。3は，極数が3の電極を表します。
　　　　　　　　　　　　　【解答 **フロートレススイッチ電極**】

問5　Ⓢf20A　図記号の器具を用いる目的は。

解説　表10を参照。図記号は電流計付開閉器で，f20 A は定格電流 20 A のヒューズを表します。　【解答 **過電流を遮断するため**】

問6　電灯分電盤の図記号は。

イ.　　　　ロ.　　　　ハ.　　　　ニ.

解説　表9を参照。　　　　　　　　　　　　【解答 **ハ**】

問7　●BL　図記号の器具は。

解説　L は確認表示灯付を表します。
【解答 **確認表示灯付の電磁開閉器用押しボタン**】

確認表示灯

16 電灯配線と複線図

電気工事を行うときは，単線図で描かれた配線図から回路を理解した上で，複線図を描いて施工します。

● **ランプレセプタクルへの配線**

電源と負荷Ⓡ（ランプレセプタクル）を 2 本の電線で結べば，ランプは点灯します。

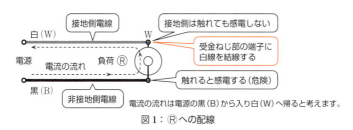

図 1 ：Ⓡへの配線

Ⓡを点滅するには，図 2 の(a)，(b)の方法が考えられますが，スイッチ S が入っていないとき (a)の方法は感電領域が広く危険ですので，禁止されています。

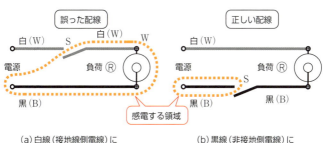

(a) 白線（接地線側電線）に　　(b) 黒線（非接地側電線）に
　　スイッチを入れる　　　　　　　スイッチを入れる

図 2 ：Ⓡの点滅方法

※図を描きやすくするため，白（W）線を上にしている。

● 単極スイッチで電灯を点滅する回路

1灯の電灯Ⓡを1箇所のスイッチで点滅する回路について，複線図を描きます。

- スイッチで電灯の点滅を行います。
- イのスイッチでイの電灯の点滅を行います。
- スイッチは，極性の区別はありません。
- スイッチは，電源の黒(B)線を結線した方を電流の入口，反対側を出口とします。

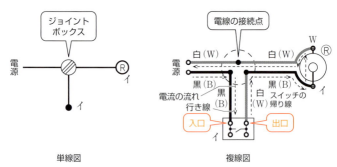

図3：スイッチで電灯を点滅

ここがポイント　1灯の点滅回路の複線図

① 使用する器具Ⓡとスイッチ及びジョイントボックスを描く。

② 電源からの白（W）線は，ⓇのW（受金ねじ部）に直接配線する。

③ 電源からの黒（B）線は，スイッチの入口（極性の区別は無いので左右どちらでもよい）に配線する。

④ スイッチの出口からジョイントボックスを経由しⓇに配線する（イからイへ結線する）。

⑤ ジョイントボックス内の接続点を黒丸で塗りつぶす。

電灯配線と複線図

参考 スイッチの出口から負荷に至る線を帰り線といいます。帰り線は，色の指定はありません。2心ケーブル（絶縁被覆の色は黒と白）を使用した場合，スイッチからジョイントボックスまでは残りの白（W）線を用います。

2章 配線図

● 2箇所の3路スイッチで電灯を点滅する回路

1灯の電灯Ⓡを2箇所の3路スイッチで点滅する回路について，複線図を描きます。

- 階段の下と上など，2箇所で電灯を点滅するものです。
- 図4のように，全体を1つのスイッチと考えると，簡単に複線図ができます。

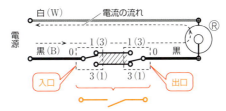

図4：2箇所のスイッチによる点滅

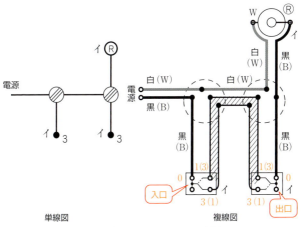

図5：2箇所のスイッチによる点滅

67

> **ここがポイント 2箇所で電灯Ⓡを点滅する回路の複線図**
>
> ① 電源からの白（W）線は，ⓇのW（受金ねじ部）に直接配線する。
> ② 電源からの黒（B）線は，スイッチの入口（電源に近い方の3路の0番）に配線する。
> ③ スイッチの出口（もう1つの3路の0番）からⓇに配線する。
> ④ 2個の3路スイッチの1－1と3－3（又は1－3と3－1）を配線する。

● 3箇所のスイッチで電灯を点滅する回路

1灯の電灯Ⓡを3箇所のスイッチ（3路スイッチ2個，4路スイッチ1個）で点滅する回路について，複線図を描きます。

- 階段の下と上及び部屋の入口など，3箇所で電灯を点滅するものです。
- 図6のように，全体を1つのスイッチと考えると，簡単に複線図ができます。

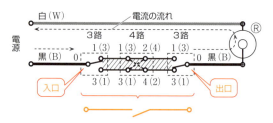

ハッチング部分は，1本の電線として，全体を1つのスイッチと考える。

図6：3箇所のスイッチによる点滅

電灯配線と複線図

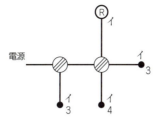

図7：3箇所点滅の回路（単線図）

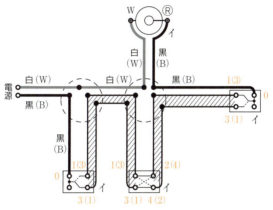

図8：3箇所点滅の回路（複線図）

ここがポイント　3箇所で電灯Ⓡを点滅する回路の複線図

① 電源からの白（W）線は，ⒶのW（受金ねじ部）に直接配線する。

② 電源からの黒（B）線は，スイッチの入口（電源に近い方の3路の0番）に配線する。

③ スイッチの出口（もう1つの3路の0番）からⒶに配線する。

69

④ 3路と4路スイッチの1-1と3-3（又は1-3と3-1）及び4路と3路スイッチの2-1と4-3（又は2-3と4-1）を配線する。

例題

問1 ⑩の部分の最少電線本数（心線数）は。

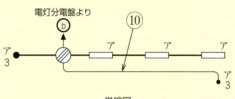

イ．2　　ロ．3　　ハ．4　　ニ．5

（令6上・問40）

解説 2箇所のアの3路スイッチで，3箇所のアの照明器具を点滅する回路です。

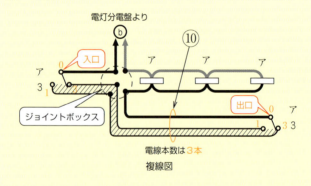

⑩の部分の最少電線本数（心線数）は，複線図からロ．**3本**です。

電灯配線と複線図

・複線図を描く手順の例
① 配線器具と照明器具を単線図の位置に配置します。
② 電源からの白（W）線は，各蛍光灯に直接配線します（電源→ジョイントボックス→各蛍光灯）。
③ 電源からの黒（B）線は，スイッチの入口に配線します（電源→ジョイントボックス→3路スイッチの0番）。
④ スイッチの出口から各蛍光灯に配線します（もう1つの3路スイッチの0番→ジョイントボックス→各蛍光灯）。
⑤ 2個の3路スイッチの1－1と3－3（又は1－3と3－1）を配線します。

【解答 ロ】

問2 ⑦で示す部分の最少電線本数（心線数）は。

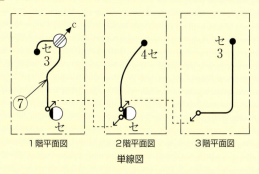

単線図

イ．3　　ロ．4　　ハ．5　　ニ．6

(令4下後・問37)

解説　3箇所のセのスイッチで2箇所のセの電灯を点滅する回路です。
⑦で示す部分の最少電線本数（心線数）は，複線図よりイ．3本です。

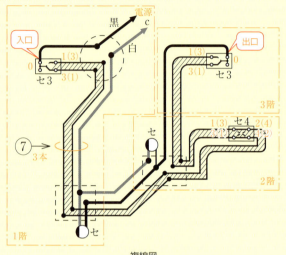

複線図

・複線図を描く手順の例
① 電源の白（W）を負荷（2箇所のセの電灯）へ。
② 電源の黒（B）をスイッチの入口（1階の3路の0）へ。
③ スイッチの出口（3階の3路の0）から負荷（2箇所のセの電灯）へ。
④ 3路－4路－3路を2本ずつの電線で配線する。

参考

3路－4路－3路の配線（ハッチングの箇所）を1本の電線と考えれば、電灯には、白線が1本と黒線がスイッチを介して配線されているだけです。

【解答 イ】

17 基本回路の複線図

● 電灯とパイロットランプの同時点滅回路

電灯と PL（パイロットランプ）が同時に点滅し，㋐は電灯の点滅状態を表示します。これを同時点滅といいます。

・スイッチをオンすると，Ⓡは点灯，同時に㋐も点灯する回路です。

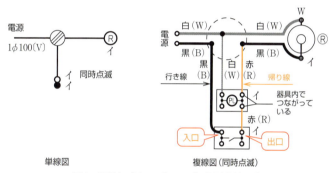

図9：電灯とパイロットランプの同時点滅回路

ここがポイント ㋐と電灯Ⓡの同時点滅回路の複線図

① 電源からの白（W）線は，ⓇのW（受金ねじ部）と㋐に直接配線する（㋐に極性はない。白（W）はすべての負荷に直接配線する）。

② 電源からの黒（B）線は，スイッチの入口に配線する。

③ スイッチの出口から㋐とⓇに配線する（スイッチのイから㋐のイとⓇのイへ結線する）。

参考 スイッチの出口からの帰り線は，3心ケーブル（絶縁被覆の色は黒，白，赤）を使用した場合は，残りの赤（R）線を用います。

● 電灯とパイロットランプの異時点滅回路

電灯が消灯したとき，PLが点灯し，暗い場所でもスイッチの位置がわかるもので，これを異時点滅といいます。

- ㋺は，スイッチと並列に入ります。
- スイッチがオフのとき，負荷と㋺が直列接続となり，負荷を通して，㋺にわずかな電流が流れ㋺が点灯します。
- スイッチがオンのとき㋺は短絡され，消灯します。

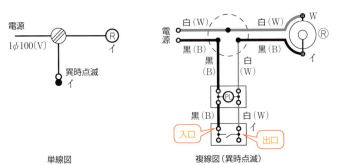

単線図 複線図（異時点滅）

図10：電灯とパイロットランプの異時点滅回路

㋺と電灯Ⓡの異時点滅回路の複線図

① 電源からの白（W）線は，ⓇのW（受金ねじ部）に直接配線する。

② 電源からの黒（B）線は，スイッチの入口に配線する。

③ スイッチの出口からⓇに配線する（イからイへ配線する）。

④ ㋺はスイッチと並列に配線する。

基本回路の複線図

● パイロットランプの常時点灯回路

㋐が常時点灯する回路を常時点灯といいます。

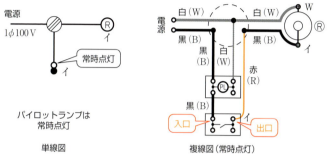

図11：パイロットランプの常時点灯回路

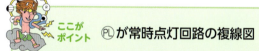

㋐が常時点灯回路の複線図

① 電源からの白（W）線は，Ⓡの W（受金ねじ部），㋐に直接配線する。

② 電源からの黒（B）線は，スイッチの入口と㋐に配線する。

③ スイッチの出口からⓇに配線する（イからイへ配線する）。

75

● パイロットランプの同時点滅とコンセントの複合回路

㋛と㋛が同時に点滅する回路に，コンセントを加えた回路です。

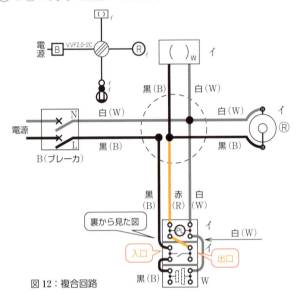

図12：複合回路

ここが ポイント
㋛とスイッチ，コンセント回路の複線図

① 使用する配線器具 B ⓡ ⊂⊃ ─ ㊀ ㋛ ジョイントボックスを描く。

② Bからの白（W）線は，ⓡのW（受金ねじ部），⊂⊃のW（接地側極），㋛，㊀のW（接地側極）に直接配線する（すべての負荷に白（W）を配線する）。

③ Bからの黒（B）線は，スイッチの入口とコンセントの非接地側極に配線する。

④ スイッチの出口から㋛⊂⊃ⓡに配線する（イからイへ配線する）。

基本回路の複線図

● ボックスと照明器具が一体化した単線図を複線図にする

図 13 のように，ボックスと照明器具を 1 つの器具として描いている場合は，図 14 のようにボックスと照明器具を分離して複線図を描きます。

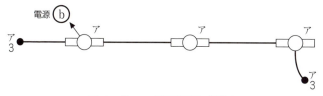

図 13：ボックス付照明器具の単線図

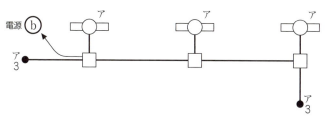

図 14：ボックスと照明器具を分離した単線図

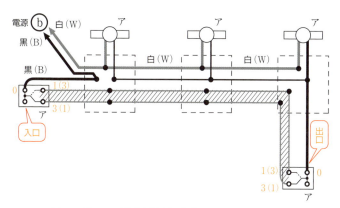

図 15：ボックスと照明器具が一体化しているときの複線図

77

ここがポイント　ボックスと照明器具を分離して複線図を描く

① 照明器具とボックスを分離した単線図（図14）を描き，器具を配置する。

② 電源からの白（W）線は，各負荷に直接配線する。

③ 電源からの黒（B）線は，スイッチの入口（電源に近い方の3路スイッチの0番）に配線する。

④ スイッチの出口（もう1つの3路の0番）から各負荷に配線する（アからアへ配線する）。

⑤ 2個の3路スイッチの1-1と3-3（又は1-3と3-1）を配線する。

● 複雑な回路の電線本数を調べる

図16において⑩の最小電線本数を調べるときは，図17のようになるべく単純化します。

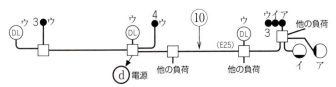

図16：複雑な回路の電線本数を調べる

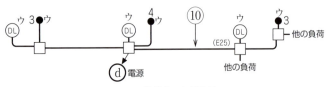

図17：単純化した単線図

78

基本回路の複線図

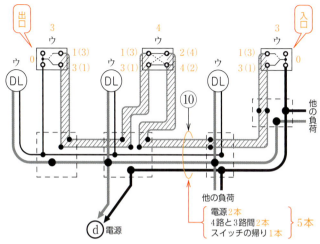

図18：⑩の電線本数は？

ここがポイント 複雑な回路は単純化してから複線図を描く

① 電源からの白（W）線は，照明器具と他の負荷に配線する。

② 電源からの黒（B）線は，他の負荷とスイッチの入口（省略した他の負荷のスイッチ側の3路の0番）に配線する。

③ スイッチの出口（もう1つの3路の0番）から3つのDLに配線する。

④ 3路と4路スイッチの1－1と3－3（又は1－3と3－1）及び4路と3路スイッチの2－1と4－3（又は2－3と4－1）を配線する。

⑤ ⑩の電線本数を数える。

18 複線図の過去問題を解いて理解を深める

各種の複線図問題を解いて，配線図に慣れるようにします。

ここがポイント リングスリーブの種類，電線本数，刻印が重要

表11：リングスリーブの種類と電線の組合せ，刻印（圧着マーク）

種類	最大使用電流〔A〕	1.6 mm 又は 2 mm²	2.0 mm 又は 3.5 mm²	2.6 mm 又は 5.5 mm²	異なる電線の組合せ	刻印（圧着マーク）
小	20 A	2本	−	−	−	○
		3〜4本	2本	−	2.0×1 + 1.6×1〜2	小
中	30 A	5〜6本	3〜4本	2本	2.0×1 + 1.6×3〜5 2.0×2 + 1.6×1〜3 2.0×3 + 1.6×1	中
大	30 A	7本	5本	3本	2.0×1 + 1.6×6	大

例題

問1

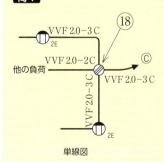

単線図

⑱で示すボックス内の接続で使用する**リングスリーブの種類と最少個数**は。ただし，**接地線の配線も含む**。

（令6上・問48）

複線図の過去問題を解いて理解を深める

解説

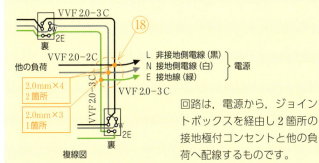

回路は，電源から，ジョイントボックスを経由し2箇所の接地極付コンセントと他の負荷へ配線するものです。

複線図より，2.0 mm の4本接続が2箇所，3本接続が1箇所です。2.0 mm の3～4本接続は**中スリーブ**で刻印（圧着マーク）は**中**です。最少個数は**3個**です。　　　　　　【解答 **中スリーブ3個**】

問2　⑪で示すボックス内の接続で使用する**リングスリーブ**の種類と**最少個数**は。

（令4上前・問41）

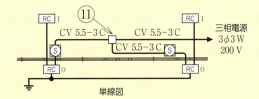

単線図

解説

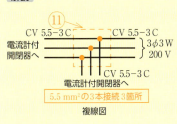

回路は，三相電源から，ジョイントボックスを経由し2箇所のルームエアコンに配線するものです。複線図より，5.5 mm^2 の3本接続です。リングスリーブの種類と刻印（圧着マーク）は**大**で，最少個数は**3個**です。

【解答 **大スリーブ3個**】

81

問3

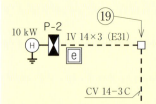

⑲で示すジョイントボックス内の電線相互の接続作業に**使用されることのない**ものは。　(令6下・問49)

解説

ボックス内では、IV 14 mm^2 とCV 14 mm^2 の電線2本接続が3箇所となります。この場合、ニの手動油圧式圧着器を用い、Pスリーブで圧着接続を行います。

【**解答 イ（リングスリーブ用圧着工具）**】

参考　　Eスリーブ　　　　Pスリーブ　　　　Bスリーブ
　　　（リングスリーブ）

終端重合せ接続　　直接重合せ接続　　直接突合せ接続

終端重合せ接続

第二種電気工事士の試験では、Eスリーブをリングスリーブとして出題されていますが、P形、B形も覚えておきましょう。
P：Pressure（圧力）　B：Butt（端）

複線図の過去問題を解いて理解を深める

問4

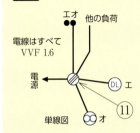

⑪で示すボックス内の接続で使用する**リングスリーブ**の**種類**と**個数**，**刻印**は。

（令5下後・問41）

解説 回路は，電源から，ジョイントボックスを経由しダウンライトの点滅と換気扇の「入，切」及び他の負荷への配線です。次図の①②③の順に複線図を描いてみます。

①接地側電線の配線	②非接地側電線の配線	③スイッチと負荷間の配線
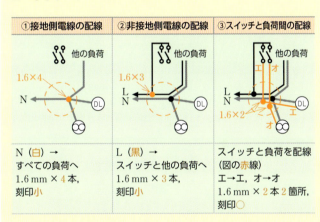		
N（白）→ すべての負荷へ 1.6 mm × 4本， 刻印小	L（黒）→ スイッチと他の負荷へ 1.6 mm × 3本， 刻印小	スイッチと負荷を配線 （図の赤線） エ→エ，オ→オ 1.6 mm × 2本2箇所， 刻印○

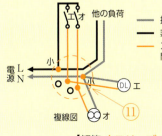

※複線図を描く手法は，色々あります。ここでは，①接地側電線（白）の配線，②非接地側電線（黒）の配線，③スイッチと負荷間の配線（赤）の順で描いています。

【**解答 小スリーブ4個（刻印 小：2個，○：2個）**】

問5 ⑬で示すボックス内の接続を**差込形コネクタ**とする場合，**種類**と**最少個数**は。

(令6下・問43)

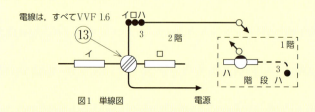

図1 単線図

解説 回路は，電源から，ジョイントボックスを経由し蛍光灯イ，ロの点滅，及び階段灯を2箇所の3路スイッチで点滅する回路です。単線図のみで答えを出すこともできます。複線図と比較してみましょう。

①接地側電線の行き先	②非接地側電線の行き先	③スイッチと負荷間の配線
蛍光灯ハへ 蛍光灯イへ　蛍光灯ロへ N（白）	3個のスイッチへ L（黒）	スイッチイ　スイッチロ 蛍光灯イへ　蛍光灯ロへ イ-イとロ-ロ
4本用1個	2本用1個	2本用2個
N（白）は， すべての負荷に配線 電源線1＋ 負荷の数3＝4本用	L（黒）は， スイッチに配線 電源線1＋ スイッチ線1＝2本用	対応するスイッチと 負荷を配線 スイッチからの 帰り線＝2本用

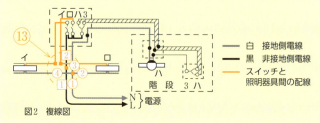

図2 複線図

―― 白　接地側電線
―― 黒　非接地側電線
―― スイッチと照明器具間の配線

【解答 4本用1個，2本用3個】

複線図の過去問題を解いて理解を深める

問6

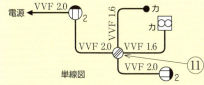

⑪で示すボックス内の接続を**差込形コネクタ**とする場合、**種類と最少個数**は。

(令6上・問41)

解説 回路は、電源から、2口コンセントを経由し、ジョイントボックスに接続しています。ジョイントボックスから換気扇を「入、切」する回路と2口コンセントに配線するものです。
複線図を描く場合の手順の例を以下に示します。

① 機器、器具を単線図の位置に配置する。
② 接地側電線（白）をすべての負荷（コンセントの接地側極、換気扇）に配線する。
③ 非接地側電線（黒）をコンセントの非接地側極とスイッチに配線する。
④ スイッチの帰り線を換気扇に配線する（カのスイッチとカの換気扇を配線）。

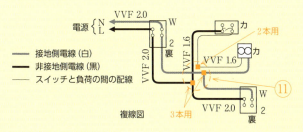

【解答 3本用2個、2本用1個】

ここがポイント 複線図の配線手順

① 白をすべての負荷に（電気を消費するところ）配線する。
② 黒をスイッチ、コンセント、他の負荷に配線する。
③ スイッチと各負荷を（イとイ、ロとロ、…）配線する。

85

問7

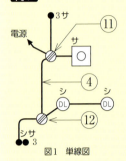

図1 単線図

⑪で示すボックス内の接続を**差込形コネクタ**とする場合，**種類**と**最少個数**は。使用する電線はすべてVVF1.6とする。

(令5上前・問41)

解説 複線図を描く場合の手順例を以下に示します。
① 機器，器具を単線図の位置に配置する。
② 接地側電線（白）をNからすべての負荷（電灯サ，シ）に配線する。
③ 非接地側電線（黒）をLからシのスイッチと3路 (0) に配線する。
※ 3路は2箇所あるが，シのスイッチまで黒線が必要なので，黒線に近い隣の3路に黒を配線する。
④ 上の3路 (0) と電灯サを配線する。
⑤ 2箇所の3路間を2本ずつ配線する。

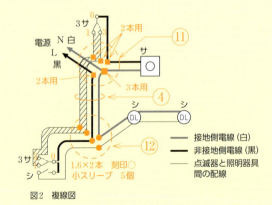

図2 複線図

【解答 **3本用1個，2本用4個**】

複線図の過去問題を解いて理解を深める

問8 問7の単線図の⑫で示すボックス内の接続を圧着接続とする場合，**リングスリーブの種類**と**最少個数**は。

(令5上前・問42)

解説 問7の図2の複線図を参照。　　【解答 小スリーブ5個】

問9 問7の単線図の④の部分の**最少電線本数**（心線数）は。

(令5上前・問34)

解説 問7の図2の複線図を参照。電源線2本と3路スイッチ間の配線2本です。　　【解答 4本】

問10 ⑪で示すボックス内の接続をリングスリーブで圧着接続した場合，**リングスリーブの種類**と**個数**，**刻印**は。特記のない電線はVVF1.6とする。

(令5下前・問41)

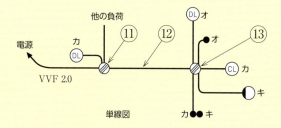

単線図

解説 複線図を描く場合の手順例を以下に示します。
① 機器，器具を単線図の位置に配置する。
② 接地側電線（白）をNから他の負荷と電灯（オ，カ，キ）に配線する。
③ 非接地側電線（黒）をLから他の負荷とスイッチ（オ，カ，キ）に配線する。
④ スイッチと電灯間の配線をする。(オとオ，カと2箇所のカ，キとキ)

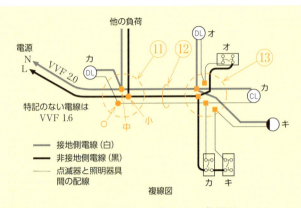

- 2.0 mm × 1 + 1.6 mm × 3 → 中スリーブ刻印中
- 2.0 mm × 1 + 1.6 mm × 2 → 小スリーブ刻印小
- 1.6 mm × 2 → 小スリーブ刻印○

【解答 中スリーブ1個（刻印 中），
　　　小スリーブ2個（刻印 小1個，○1個）】

問11　問10の単線図の⑫で示す部分の配線工事に必要なケーブルは。

(令5下前・問42)

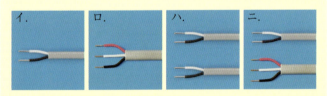

解説　VVF1.6-3C です。　　　　　　　　　　　　【解答 ロ】

問12　問10の単線図の⑬で示すボックス内の接続を差込形コネクタとする場合，使用する**差込形コネクタの種類と最少個数**は。

(令5下前・問43)

解説　問10解説の複線図を参照。

【解答 4本用1個，3本用2個，2本用2個】

第 3 章

電気工事の
施工方法，
検査方法

アクセスキー **4** （数字のよん）

19 電線の接続

電線同士を接続する方法は、リングスリーブによる圧着接続、差込形コネクタによる接続方法が主に用いられます。

電線を接続する場合は、接続部分において電線の電気抵抗を増加させないように接続するほか、絶縁性能の低下及び通常の使用状態において、断線のおそれがないようにします。

リングスリーブによる圧着接続　　　差込形コネクタによる接続
（絶縁テープを巻く）

図1：電線の接続

ここがポイント　電線の接続条件

- 電気抵抗を増加させない。
- 引張強さを 20 % 以上減少させない。
- リングスリーブや差込形コネクタなどを使用する。
- リングスリーブによる圧着接続の場合は、絶縁テープを巻くか、絶縁キャップを用い絶縁処理を行う。
- 1.6 mm 及び 2.0 mm の電線（絶縁被覆の厚さが 0.8 mm）の接続部分のテープ巻きの例

ビニルテープ（0.2 mm 厚）：4層以上，0.2×4＝0.8 mm 厚
黒色粘着性ポリエチレン絶縁テープ（0.5 mm 厚）：
　2層以上，0.5×2＝1.0 mm 厚
自己融着性絶縁テープ（0.5 mm 厚は，引っ張ると薄くなるので0.3 mm 厚とする）：2層以上＋保護テープ
（0.2 mm 厚），0.3×2＋0.2×2＝1.0 mm 厚
　※電線の絶縁被覆の厚さ（0.8 mm）以上になるようにする。
　※半幅以上重ねて1回巻くと2層以上の厚さになる。

・コード接続器，ジョイントボックスなどを使用する。

3章 電気工事の施工方法・検査方法

🔴 例題

問1　絶縁電線相互の接続で，**不適切なものは**。

イ．電線の絶縁物と同等以上の絶縁効力のあるもので被覆した。

ロ．電線の引張強さが15％減少した。

ハ．差込形コネクタで終端接続をした。

ニ．電線の電気抵抗が5％増加した。　　　（令5上前・問19）

解説　電気抵抗を増加させてはいけません。　　**【解答 ニ】**

問2　電線相互の終端接続部分の絶縁処理として**不適切なものは**。（ビニルテープは，厚さ約0.2 mm）　　（令6下・問19）

イ．差込形コネクタにより接続した。

ロ．リングスリーブにより接続し，黒色粘着性ポリエチレン絶縁テープ（厚さ約0.5 mm）で半幅以上重ねて1回（2層）巻いた。

ハ．リングスリーブにより接続し，ビニルテープで半幅以上重ねて1回（2層）巻いた。

ニ．リングスリーブにより接続し，リングスリーブ用の絶縁キャップを被せ，ビニルテープで巻かなかった。

解説　テープの厚さは0.8 mm 以上必要。　　**【解答 ハ】**

91

20 リングスリーブ（E形）の種類と圧着マーク

リングスリーブと圧着工具は，JIS 適合品を使用します。リングスリーブと電線の組合せは，適正な選定を行います。

ここがポイント スリーブの種類と圧着マーク（刻印）

- スリーブの種類（大きさ）：1.6 mm 2〜4 本は小スリーブ，1.6 mm 5〜6 本は中スリーブ
- 圧着マーク（刻印）：1.6 mm × 2 本は○，1.6 mm × 3〜4 本は小，1.6 mm × 5〜6 本は中

$$
\begin{pmatrix}
2.0 \times 2 \text{ は小} \\
2.0 \times 1 + 1.6 \times 1 \text{ は小，} 2.0 \times 1 + 1.6 \times 2 \text{ は小} \\
2.0 \times 1 + 1.6 \times 3 \text{ は中，} 2.0 \times 2 + 1.6 \times 1 \text{ は中}
\end{pmatrix}
$$

※上記の範囲では，2.0 mm 1 本は 1.6 mm 2 本分と考えることができる。

2.0 × 3〜4 は中，2.6 × 2 は中，2.6 × 3 は大

例題

問 1 低圧屋内配線工事で，600 V ビニル絶縁電線（軟銅線）をリングスリーブ用圧着工具とリングスリーブ（E 形）を用いて終端接続を行った。接続する電線に適合するリングスリーブの種類と圧着マーク（刻印）の組合せで，**不適切なものは**。

イ．直径 2.0 mm 3 本の接続に，中スリーブを使用して圧着マークを中にした。

ロ．直径 1.6 mm 3 本の接続に，小スリーブを使用して圧着マークを小にした。

ハ. 直径 2.0 mm 2 本の接続に，中スリーブを使用して圧着
マークを中にした。

ニ. 直径 1.6 mm 1 本と直径 2.0 mm 2 本の接続に，中ス
リーブを使用して圧着マークを中にした。

(令 1 下・問 19)

解説 直径 2.0 mm 2 本の接続は，小スリーブを使用して圧着
マークを小にしなければなりません。　　　　　　　　**【解答 ハ】**

問2　リングスリーブの種類と圧着マーク（刻印）の組合せ
で，**不適切なもの**は（2 つ）。

	接続する電線の 太さ（直径）及び本数	リングスリーブ の種類	圧着マーク （刻印）
ア	1.6 mm 2 本	小	◯
イ	1.6 mm 2 本と 2.0 mm 1 本	中	中
ウ	1.6 mm 4 本	中	中
エ	1.6 mm 1 本と 2.0 mm 2 本	中	中

解説 イ，ウは小スリーブ，圧着マーク小でなければなりません。
【解答 イ，ウ】

問3　下の左の表の電線本数において，リングスリーブの種
類と圧着マーク（刻印）は。

解答

電線の種類と本数		スリーブ の種類	圧着 マーク （刻印）
1.6 mm（又は 2 mm²）× 2 本	→	小スリーブ	◯
2.0 mm（又は 3.5 mm²）× 2 本	→	小スリーブ	小
2.0 mm（又は 3.5 mm²）× 3 本	→	中スリーブ	中
2.0 mm（又は 3.5 mm²）× 4 本	→	中スリーブ	中
2.6 mm（又は 5.5 mm²）× 2 本	→	中スリーブ	中
2.6 mm（又は 5.5 mm²）× 3 本	→	大スリーブ	大

21 接地工事

図2のような接地用銅板や接地棒を用い大地と接続する工事を，**接地工事**といいます。接地工事の目的は，**異常電圧**の抑制や漏電による**感電**や**火災**のおそれがないようにするためで，A種，B種，C種，D種の4種類があります。

図2：接地用銅板と接地棒

表1：接地工事の種類

接地工事の種類	主な接地箇所	接地抵抗値		接地線の太さ
A種接地工事	高圧機器の金属製外箱	10 Ω 以下		2.6 mm 以上
B種接地工事	変圧器低圧側の中性点又は1端子	$\dfrac{150}{1線地絡電流}$ Ω 以下		
C種接地工事	300 V を超える低圧機器の金属製外箱	10 Ω 以下	0.5 秒以内に動作する漏電遮断器を施設した場合は500 Ω 以下	1.6 mm 以上*
D種接地工事	300 V 以下の低圧機器の金属製外箱	100 Ω 以下		

＊移動して使用する電気機械器具の接地線で多心コード又はキャブタイヤケーブルの1心を使用する場合は 0.75 mm² 以上

ここがポイント　D種接地工事の接地抵抗値と接地線の太さ

- 300 V 以下の低圧機器は，D種接地工事を施す。
- D種接地工事の接地抵抗値は，100 Ω 以下 0.5 秒以内に動作する漏電遮断器があれば500 Ω 以下
- D種接地工事の接地線太さは，1.6 mm 以上 (移動する電気機械器具の接地線は，コード又はケーブルの1心 0.75 mm² 以上)

接地工事

例題

問1 三相200V，2.2kWの電動機の鉄台に施した接地工事の接地抵抗値を測定し，接地線（軟銅線）の太さを検査した。接地抵抗値及び接地線の太さ（直径）の組合せで，**適切なもの**は。

ただし，電路には漏電遮断器が施設されていないものとする。

(平29下・問26)

イ．50Ω 1.2 mm
ロ．70Ω 2.0 mm
ハ．150Ω 1.6 mm
ニ．200Ω 2.6 mm

解説 接地工事の種類は，**D種接地工事**，接地抵抗値は**100Ω以下**（漏電遮断器が施設されていない場合）。接地線（軟銅線）の太さは，直径**1.6 mm以上**です。この条件を満足するものは，ロ．70Ω，2.0 mmです。　　　　　　　　　　　　　【解答 **ロ**】

問2 使用電圧100Vの電路に，地絡が生じた場合0.1秒で自動的に電路を遮断する装置が施してある。この電路の屋外にD種接地工事が必要な自動販売機がある。その**接地抵抗値**は。

イ．500Ω以下
ロ．200Ω以下
ハ．100Ω以下
ニ．10Ω以下

解説 0.5秒以内に動作する漏電遮断器を施設する場合は**500Ω以下**。　　　　　　　　　　　　　　　　　　　　　　　【解答 **イ**】

22 接地工事の省略と緩和

感電や火災などのおそれがない場合，D種接地工事を省略できます。

ここがポイント　D種接地工事を省略できる条件

- 対地電圧 150 V 以下の機器を乾燥した場所に施設する場合
- 低圧の機械器具を乾燥した木製の床など，絶縁性の物の上で取り扱う場合（コンクリートの床は，水気のある場所の扱い）
- 二重絶縁構造の機械器具を施設するとき
- 絶縁変圧器（3 kV・A 以下）を施設し負荷側の電路を接地しない場合

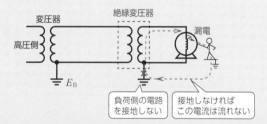

- 水気のある場所以外で，漏電遮断器（定格感度電流 15 mA 以下，動作時間 0.1 秒以下）を施設する場合
- 乾燥した場所に施設した金属管（対地電圧が 200 V の場合は 4 m 以下，100 V の場合は 8 m 以下の場合）

接地工事の省略と緩和

例題

問1　D種接地工事を**省略できない**ものは。

ただし，電路には定格感度電流 30 mA 動作時間 0.1 秒の漏電遮断器が取り付けられているものとする。　（平 24 下・問 20）

イ．乾燥した場所に施設する三相 200 V 動力配線を収めた長さ 4 m の金属管

ロ．乾燥したコンクリートの床に施設する三相 200 V ルームエアコンの金属製外箱部分

ハ．乾燥した木製の床の上で取り扱うように施設する三相 200 V 誘導電動機の鉄台

ニ．乾燥した場所に施設する単相 3 線式 100/200 V 配線を収めた長さ 8 m の金属管

解説 コンクリートの床は，水気のある場所の扱いなので D 種接地工事を省略できない。　　　　　　　　　　　【解答 ロ】

問2　D種接地工事に関する記述で，**不適切な**ものは。

（令 5 上後・問 22）

イ．200/100 V，3 kV・A の絶縁変圧器（二次側非接地）の二次側回路に電動丸のこぎりを接続し，接地を施さないで使用した。

ロ．三相 200 V 出力 0.75 kW 電動機外箱の接地線に 1.6 mm の IV 線（軟銅線）を使用した。

ハ．移動式の電気ドリル（一重絶縁）の接地線に多心コードの 0.75 mm^2 1 心を使用した。

ニ．100 V，0.4 kW の電動機を水気のある場所に設置し，定格感度電流 15 mA，動作時間 0.1 秒の電流動作型漏電遮断器を取り付けたので，接地工事を省略した。

解説 水気のある場所では，接地工事を省略できません。

【解答 ニ】

3章 電気工事の施工方法，検査方法

23 工事の種類と施設場所

低圧屋内配線工事は，ケーブル工事，金属管工事，合成樹脂管工事などがあり，施設場所に適した工事を行います。

ここがポイント 工事の施設場所の制限と使用電線

- ケーブル工事はすべての場所で施設可能。重量物の圧力又は機械的衝撃を受けるおそれがある場所，危険物のある場所では，管その他の防護装置に収めて施設
- 金属管工事は，木造の引込口配線を除くすべての場所に施設可能
- 合成樹脂管（VE 管，PF 管）工事は，爆燃性粉じん，可燃性ガスのある場所を除くすべての場所に施設可能
- がいし引き工事は，点検できる場所に施設可能
- 金属ダクト工事は，点検できる乾燥した場所に施設可能
- ライティングダクト工事，金属線ぴ工事は，電圧 300 V 以下で，点検できる乾燥した場所に施設可能
- セルラダクト工事は，点検できる又はできない隠ぺい場所で乾燥した場所で施設可能
- 平形保護層工事は，点検できる隠ぺい場所で乾燥した場所でのみ施設可能
- 屋内配線に用いる電線は，絶縁電線（OW 線を除く）を使用（金属管工事，金属可とう電線管工事，合成樹脂管工事，金属線ぴ工事，金属ダクト工事などにおいて）

※セルラダクト工事：建築物の床材の波形デッキプレートの溝を配線用として用いる工事
※平形保護層工事：アンダーカーペット配線で，平形導体合成樹脂絶縁電線を使用する工事

例題

問1 湿気の多い展開した場所の単相3線式100/200V屋内配線工事として，**不適切なものは**。 (平23上・問20)

イ．合成樹脂管工事　　ロ．金属ダクト工事
ハ．金属管工事　　　　ニ．ケーブル工事

解説 金属ダクト工事は，乾燥した場所かつ展開した場所（露出した場所）又は点検できる隠ぺい場所で施設できます。
合成樹脂管工事，金属管工事，ケーブル工事は，施設場所の制限はありません（一部の場所を除く）。

参考 合成樹脂管工事：爆発の危険のある場所では禁止されています。
金属管工事：木造家屋の引込口配線は禁止されています。
ケーブル工事：重量物の圧力又は機械的衝撃を受けるおそれがある場所，危険物のある場所では管その他の防護装置に収めて施設します。　　　　　　　　　　　　　　　　　　　　　　【解答 ロ】

問2 使用電圧100Vの屋内配線の施設場所における工事の種類で，**不適切なものは**。 (令6下・問20)

イ．点検できない隠ぺい場所であって，乾燥した場所のライティングダクト工事
ロ．点検できない隠ぺい場所であって，湿気の多い場所の防湿装置を施した合成樹脂管工事（CD管を除く）
ハ．展開した場所であって，湿気の多い場所のケーブル工事
ニ．展開した場所であって，湿気の多い場所の防湿装置を施した金属管工事

解説 ライティングダクト工事は，点検できない隠ぺい場所には施設できません。合成樹脂管工事（CD管を除く），ケーブル工事，金属管工事は，すべての場所で施設できます。
※すべての場所：展開した場所，点検できる隠ぺい場所，点検できない隠ぺい場所，乾燥した場所，湿気の多い場所又は水気のある場所。　　　　　　　　　　　　　　　　　　　　　【解答 イ】

24 ケーブル工事

VVF，VVR，EM-EEF，CVなどのケーブルを用いた工事では，支持点間の距離，曲げ半径などが決められています。

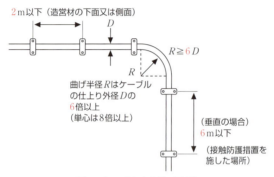

図3：ケーブルの支持（固定）

ここが ポイント　ケーブル工事の施工条件

- ケーブルの支持点間の距離：下面，側面は2m以下，接触防護措置を施した場所で，垂直に施設する場合は6m以下
- ケーブル屈曲部の内側の曲げ半径：ケーブルの仕上り外径の6倍（単心は8倍）以上
- ケーブルは，ガス管や水道管，弱電流電線とは触れないように施設する。
- コンクリートに埋め込んで施設する場合は，MIケーブル，コンクリート直埋用ケーブル等を使用する。

ケーブル工事

3章 電気工事の施工方法・検査方法

🔴 例題

問1　低圧屋内配線工事（臨時配線工事の場合を除く）で，600 V ビニル絶縁ビニルシースケーブルを用いたケーブル工事の施工方法として，**適切なものは**。　　　（令5上・問20）

　イ．接触防護措置を施した場所で，造営材の側面に沿って垂直に取り付け，その支持点間の距離を 8 m とした。

　ロ．金属製遮へい層のない電話用弱電流電線と共に同一の合成樹脂管に収めた。

　ハ．建物のコンクリート壁の中に直接埋設した。

　ニ．丸形ケーブルを，屈曲部の内側の半径をケーブルの仕上り外径の 8 倍にして曲げた。

解説　ケーブル屈曲部の内側の曲げ半径はケーブルの仕上り外径の 6 倍以上，単心のものにあっては 8 倍以上必要です。

イ．垂直支持点間の距離は 6 m 以下です。

ロ．弱電流電線と同一の合成樹脂管に施設しないこと（C 種接地工事を施した金属製の電気的遮へい層を有する通信ケーブルを使用する場合は，この限りでない）。

ハ．コンクリートに埋め込んで施設することができるのは，MI ケーブル，コンクリート直埋用ケーブル等です。【解答 **ニ**】

問2　ケーブル工事による低圧屋内配線で，ケーブルがガス管と接近する場合の工事方法として，「電気設備の技術基準の解釈」にはどのように記述されているか。　　　（平23下・問23）

　イ．ガス管と接触しないように施設すること。

　ロ．ガス管と接触してもよい。

　ハ．ガス管との離隔距離を 10 cm 以上とすること。

　ニ．ガス管との離隔距離を 30 cm 以上とすること。

解説　ケーブル工事による低圧屋内配線で，ケーブルがガス管と接近する場合の工事方法は，ガス管と接触しないように施設します。【解答 **イ**】

101

25 地中電線路の施設

　地中に電線路を直接埋設式により施設する場合，埋設深さやケーブルの保護法などが規定されています。

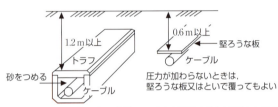

(a) 重量物の圧力を受ける場合　　(b) 重量物の圧力を受けない場合

図4：地中直接埋設工事

ここがポイント　地中埋設工事の電線と埋設深さ

- 地中電線路は，電線にケーブルを使用する。

- 直接埋設式の埋設深さは，車両その他重量物の圧力を受ける場所は 1.2 m 以上，その他の場合は 0.6 m 以上

- ケーブルは，トラフ，その他の防護物に収めて施設。重量物の圧力を受けない場合は，堅ろうな板又はといなどで覆ってもよい。

- 地中電線路を管路式により施設する場合，管は，車両その他の重量物の圧力に耐えるものであること。

金属管工事

例題

問 低圧の地中配線を直接埋設式により施設する場合に**使用できる**電線は。 (令4上・問11)

イ．屋外用ビニル絶縁電線（OW）
ロ．600V 架橋ポリエチレン絶縁ビニルシースケーブル（CV）
ハ．引込用ビニル絶縁電線（DV）
ニ．600V ビニル絶縁電線（IV）

解説 地中電線路には，ケーブルを使用します。　【解答 ロ】

26 金属管工事

　金属管工事は，ねじなし電線管，薄鋼電線管，厚鋼電線管を使用する工事で，次のように施設します。

ここがポイント　金属管工事の施工法，電線，接地

＜施工場所＞
- すべての場所（木造の引込口配線を除く）に施工可能

＜電線と電磁的平衡，管の屈曲＞
- 電線は，より線又は直径 3.2 mm 以下の単線であること
- 金属管内では，電線に接続点を設けないこと
- 1回路の電線は，同一管内に収め電磁的平衡を保つこと

- 金属管の曲げ半径は，内側半径が管内径の6倍以上
- ボックス間を配管する金属管には，3箇所を超える直角の屈曲箇所を設けないこと

<使用電圧が300 V以下の場合>
- 金属管にD種接地工事を施す。

(接地工事を省略できる場合)
- 管の長さが4 m以下のものを乾燥した場所に施設する場合
- 対地電圧が150 V以下の場合で8 m以下のものに，簡易接触防護措置を施すとき又は乾燥した場所に施設するとき

<使用電圧が300 Vを超える場合>
- C種接地工事を施す。
- 接触防護措置を施す場合は，D種接地工事にできる。

例題

問1 電磁的不平衡を生じないように，電線を金属管に挿入する方法として，**適切なものは**。 (平28下・問21)

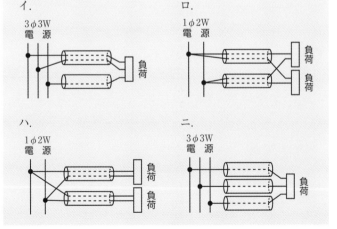

解説 金属管工事では，1回路の全部の電線を同一の金属管に収め，電磁的平衡を保つ必要があります。　　　　　　　　　　【解答 ハ】

問2 金属管工事による低圧屋内配線の施工方法として，不適切なものは。 (令6下・問23)

イ．太さ25 mmの薄鋼電線管に断面積8 mm^{2}の600 Vビニル絶縁電線3本を引き入れた。

ロ．太さ25 mmの薄鋼電線管相互の接続にコンビネーションカップリングを使用した。

ハ．薄鋼電線管とアウトレットボックスとの接続部にロックナットを使用した。

ニ．ボックス間の配管でノーマルベンドを使った屈曲箇所を2箇所設けた。

解説 薄鋼電線管相互の接続は，薄鋼電線管用カップリングを用います。

イ．25 mmの薄鋼電線管には，8 mm^2 3本を通すことができます。(内線規定)

ロ．コンビネーションカップリングは，異なる種類の電線管を接続するものです。

ハ．ロックナットを使用します。(下図参照)

図：アウトレットボックスとの接続

ニ．3箇所を超える直角又はこれに近い屈曲箇所を設けないこと。
　　　　　　　　　　　　　　　　　　　　　　　　【解答 ロ】

27 金属可とう電線管工事

主として2種金属製可とう電線管（プリカチューブ）による工事で，要点は一部を除き，金属管と同様です。

ここがポイント　金属可とう電線管工事の曲げ半径と接地工事

- 管の内側曲げ半径は，管内径の6倍以上
- 点検できる場所で，管の取り外しができる場所では，管内径の3倍以上にできる。
- D種接地工事を施す（300 V以下の場合。管長4 m以下は省略可）

例題

問　使用電圧200 Vの電動機に接続する部分の金属可とう電線管工事として，**不適切なものは**。ただし，管は2種金属製可とう電線管を使用する。　（平28下・問19）

イ．管とボックスとの接続にストレートボックスコネクタを使用した。

ロ．管の長さが6 mなので，電線管のD種接地工事を省略。

ハ．管の内側の曲げ半径を管の内径の6倍以上とした。

ニ．管と金属管（ねじなし電線管）との接続にコンビネーションカップリングを使用した。

解説

管の長さが4 mを超える場合，D種接地工事は省略不可。【解答 ロ】

28 合成樹脂管工事

合成樹脂管には、硬質ポリ塩化ビニル電線管（VE 管）、合成樹脂製可とう電線管（PF 管、CD 管）があります。

VE 管工事、PF 管工事は、すべての場所（爆燃性粉じんや可燃性ガスのある場所を除く）で施設できます。

CD 管は、コンクリートに埋設して施設するための電線管です。

ここがポイント VE 管及び PF 管、CD 管に関する施工法

< VE 管工事 >

- 支持点間の距離は、1.5 m 以下
- VE 管相互の接続における差込深さは、管外径の 1.2 倍（接着剤を使用する場合は 0.8 倍）以上

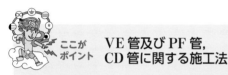

(a) 接着剤を使用しない場合　　(b) 接着剤を使用する場合

< PF 管 CD 管相互の接続 >

- ボックス又はカップリングを使用し、直接接続は禁止（VE 管は除く）されている。

< 管の曲げ半径 >

- 管内径の 6 倍以上

< CD 管の施設 >

- 直接コンクリートに埋め込む。
- 専用の管又はダクトに収める。

⚡ 例題

問1 硬質ポリ塩化ビニル電線管による合成樹脂管工事として，**不適切なものは**。 (令6上・問23)

イ．管の支持点間の距離は2mとした。

ロ．管相互及び管とボックスとの接続で，専用の接着剤を使用し，管の差込み深さを管の外径の0.9倍とした。

ハ．湿気の多い場所に施設した管とボックスとの接続箇所に，防湿装置を施した。

ニ．三相200V配線で，簡易接触防護措置を施した場所に施設した管と接続する金属製プルボックスに，D種接地工事を施した。

解説 硬質ポリ塩化ビニル電線管（VE管）の支持点間の距離は，**1.5m以下**。
接続は，管の差込み深さを管外径の**1.2倍**（接着剤を使用する場合は**0.8倍**）**以上**。 【解答 **イ**】

問2 木造住宅の単相3線式100/200V屋内配線工事で，**不適切な工事方法は**。ただし，使用する電線は600Vビニル絶縁電線，直径1.6mm（軟銅線）とする。 (令4下前・問21)

イ．合成樹脂製可とう電線管（CD管）を木造の床下や壁の内部及び天井裏に配管した。

ロ．合成樹脂製可とう電線管（PF管）内に通線し，支持点間の距離を1.0mで造営材に固定した。

ハ．同じ径の硬質ポリ塩化ビニル電線管（VE）2本をTSカップリングで接続した。

ニ．金属管を点検できない隠ぺい場所で使用した。

解説 CD管は，直接コンクリートに埋め込むか，専用の不燃性又は自消性のある難燃性の管又はダクトに収めます。 【解答 **イ**】

29 金属線ぴ工事, 金属ダクト工事, ライティングダクト工事, 平形保護層工事

金属線ぴ※は幅が 5 cm 以下のものをいい, 幅が 5 cm を超えるものを金属ダクトといいます。

※ 1 種金属製線ぴ (幅 4 cm 未満), 2 種金属製線ぴ (幅 4 cm 以上 5 cm 以下)

ここがポイント 金属線ぴ, 金属ダクト, ライティングダクト, 平形保護層の各工事の施工法

<金属線ぴ工事>
- 展開した場所, 点検できる隠ぺい場所で乾燥した場所に施設でき, 使用電圧は 300 V 以下
- 金属線ぴには D 種接地工事を施す。

(接地工事を省略できる場合)
- 線ぴの長さが 4 m 以下, 及び対地電圧が 150 V 以下の場合で, 線ぴの長さが 8 m 以下のものに簡易接触防護措置を施すとき又は乾燥した場所に施設する場合
- 線ぴ内では, 電線に接続点を設けない, ただし, 2 種金属製線ぴ内で電線を分岐する場合であって, 接続点を容易に点検できるように施設する場合は, この限りでない。このとき D 種接地工事の省略はできない。

<金属ダクト工事>
- 展開した場所, 点検できる隠ぺい場所で乾燥した場所に施設でき, 使用電圧は 600 V 以下
- 電線の被覆を含む断面積の総和がダクトの内断面積の 20 % 以下
- 支持点間の距離は 3 m (取扱者以外の者が出入りできないように措置した場所において, 垂直に取り付ける場合は 6 m) 以下

- ダクト内では，電線に接続点を設けない。ただし，電線を分岐する場合において，その接続点を容易に点検できるときは，この限りでない。

（接地工事）
- 使用電圧が 300 V 以下の場合は，D 種接地工事を施す。
- 使用電圧が 300 V を超える場合は，C 種接地工事を施す（接触防護措置を施す場合は，D 種接地工事にできる）。

<ライティングダクト工事>
- 展開した場所，点検できる隠ぺい場所で乾燥した場所に施設でき，使用電圧は 300 V 以下
- 支持点間距離は，2 m 以下，開口部は下向き，終端部は閉そくする。造営材を貫通して施設できない。
- 金属部分を被覆したダクトを使用する場合を除き，D 種接地工事を施す。ただし，ダクトの長さが 4 m 以下（対地電圧 150 V 以下）の場合は省略可能
- ダクトの導体に電気を供給する電路には，漏電遮断器を施設する。ダクトに簡易接触防護措置を施す場合は省略可能

<平形保護層工事>
- 平形保護層工事（アンダーカーペット配線工事）は，タイルカーペットなどの下に施設する。
- 点検できる隠ぺい場所，乾燥した場所に施設できる。

金属線ぴ工事，金属ダクト工事，ライティングダクト工事，平形保護層工事

例題

問1 低圧屋内配線の工事方法として，**不適切なもの**は。

(令2下前・問20)

イ．金属可とう電線管工事で，より線（絶縁電線）を用いて，管内に接続部分を設けないで収めた。

ロ．ライティングダクト工事で，ダクトの開口部を下に向けて施設した。

ハ．金属線ぴ工事で，長さ3mの2種金属製線ぴ内で電線を分岐し，D種接地工事を省略した。

ニ．金属ダクト工事で，電線を分岐する場合，接続部分に十分な絶縁被覆を施し，かつ，接続部分を容易に点検できるようにしてダクトに収めた。

解説 電線を分岐した場合，長さに関係なく **D種接地工事を省略できない**。　　　　　　　　　　　　　　　　【解答 **ハ**】

問2 表は使用電圧100Vの屋内配線の施設場所による工事の種類を示す表である。表中のa～fのうち，「**施設できない工事**」をすべて選べ。

施設場所の区分	工事の種類		
	金属線ぴ工事	金属ダクト工事	ライティングダクト工事
展開した場所で湿気の多い場所	a	b	c
点検できる隠ぺい場所で乾燥した場所	d	e	f

解説 金属線ぴ工事，金属ダクト工事，ライティングダクト工事は，**乾燥した場所**に限って施設できます。　【解答 **a，b，c**】

111

30 ショウウィンドーなどの配線工事

　乾燥した場所のショウウィンドー又はショウケース内の使用電圧が 300 V 以下の配線は，外部から見えやすい箇所に限り，コード又はキャブタイヤケーブルを施設できます。

ここがポイント　ショウウィンドー内の施工条件

- 電線は，$0.75\ mm^2$ 以上のコード又はキャブタイヤケーブル
- 取付点間の距離は 1 m 以下
- 低圧屋内配線との接続は，差込接続器などを使用

例題

問　ショウウィンドー又はショウケース内の低圧屋内配線について，以下の問いに答えよ。
1. 使用できる電線は？
2. 使用できる電線の太さは？
3. 取り付け間隔は？
4. 屋内配線との接続は？
5. 施設箇所は？

解答
1. コード又はキャブタイヤケーブル
2. $0.75\ mm^2$ 以上
3. 1 m 以下
4. 差込接続器などを使用
5. 見えやすい箇所

31 ネオン放電灯工事

ネオン放電灯を使用する工事は、簡易接触防護措置を施し、危険のおそれがないように施設します。

ここがポイント ネオン放電灯工事の施工条件

<分岐回路>
- 15 A 分岐回路又は 20 A 配線用遮断器分岐回路で使用

<管灯回路の配線>
- 展開した場所又は点検できる隠ぺい場所に施設する。
- ネオン電線を使用し、がいし引き配線による。
- 電線の支持点間の距離は、1 m 以下
- 電線相互の間隔は、6 cm 以上

<接地工事>
- ネオン変圧器の外箱には、D 種接地工事を施す。

例題

問 ネオン放電灯工事について、以下の問いに答えよ。
1. 感電防止措置は？
2. 電源の分岐回路は？
3. 管灯回路の配線は？
4. 使用する電線は？
5. 電線の支持点間の距離は？
6. 電線相互の間隔は？

[解答]
1. 簡易接触防護措置を施す。
2. 15 A 分岐回路又は 20 A 配線用遮断器分岐回路
3. がいし引き配線
4. ネオン電線
5. 1 m 以下
6. 6 cm 以上

32 特殊場所の施設

　特殊場所とは，粉じんの多い場所，可燃性ガス等の存在する場所，危険物等の存在する場所などです。

表2：危険物のある特殊場所の工事

特殊場所の種類	対象物質	工事の種類
爆燃性粉じんの存在する場所	マグネシウム，アルミニウム等又は火薬類の粉末	金属管工事（薄鋼電線管以上の強度を有するもの） ケーブル工事[*1]
可燃性ガスの存在する場所	プロパンガス，シンナーやアルコールの蒸気	
可燃性粉じんの存在する場所	小麦粉，でん粉等	金属管工事（薄鋼電線管以上の強度を有するもの） ケーブル工事[*1]
危険物等の存在する場所	石油，セルロイド，マッチ等	合成樹脂管工事[*2]

[*1] キャブタイヤケーブルを除く。ケーブル（がい装を有するケーブル又はMIケーブルを除く）は，管その他の防護装置に収める。
[*2] CD管，厚さ2mm未満の合成樹脂管を除く。

ここがポイント　特殊な場所で施設できる工事種別

- 電気設備が点火源となり爆発するおそれがある場所に施設する電気設備の工事種別
  金属管工事，ケーブル工事（防護装置に収める）

- 燃えやすい危険な物質を製造，貯蔵する場所に施設する電気設備の工事種別
  金属管工事，ケーブル工事（防護装置に収める），
  合成樹脂管工事

特殊場所の施設

例題

問1 石油類を貯蔵する場所における低圧屋内配線の工事の種類で，**不適切な**ものは。 （平24上・問20）

イ．損傷を受けるおそれのないように施設した合成樹脂管工事（厚さ2mm未満の合成樹脂製電線管及びCD管を除く）
ロ．薄鋼電線管を使用した金属管工事
ハ．MIケーブルを使用したケーブル工事
ニ．600V架橋ポリエチレン絶縁ビニルシースケーブルを防護装置に収めないで使用したケーブル工事

解説 ケーブル工事は，鋼帯などのがい装を有するケーブル，又はMIケーブルを除き，管その他の防護装置に収めて施設します。
【解答 ニ】

問2 特殊場所とその場所に施工する低圧屋内配線工事の組合せで，**不適切な**ものは。 （令5下後・問22）

イ．プロパンガスを他の小さな容器に小分けする可燃性ガスのある場所
　　厚鋼電線管で保護した600Vビニル絶縁ビニルシースケーブルを用いたケーブル工事
ロ．小麦粉をふるい分けする可燃性粉じんのある場所
　　硬質ポリ塩化ビニル電線管VE28を使用した合成樹脂管工事
ハ．石油を貯蔵する危険物の存在する場所
　　金属線ぴ工事
ニ．自動車修理工場の吹き付け塗装作業を行う可燃性ガスのある場所
　　厚鋼電線管を使用した金属管工事

解説 燃えやすい険物な質のある場所で，金属線ぴ工事はできません。
【解答 ハ】

3章 電気工事の施工方法，検査方法

115

33 小勢力回路の施設

　小勢力回路とは，電磁開閉器の操作回路又は呼鈴若しくは警報ベル等に接続する電路であって，最大使用電圧が 60 V 以下のものをいいます。

ここがポイント 小勢力回路の電圧と電線

- 使用電圧は，60 V 以下
- 使用電線は，直径 0.8 mm 以上の軟銅線又はケーブル

例題

問 小勢力回路で使用できる電圧の最大値〔V〕は。

(平 23 上・問 31)

イ．24
ロ．30
ハ．48
ニ．60

解説 小勢力回路の電圧の最大値は 60 V です。
小勢力回路の電線を造営材に取り付けて施設する場合，電線はケーブル又は直径 0.8 mm 以上の電線（軟銅線）を使用します。

【解答 ニ】

34 引込線と引込口配線

架空引込線，引込口配線は，取付点の高さ，配線工事の種類が決められています。

ここがポイント 引込線の取付点と引込口配線工事の種類

<架空引込線の取付点の高さ>
- 原則として 4 m 以上。技術上やむを得ない場合で交通に支障がないときは 2.5 m 以上

<引込口配線工事の種類>
- ケーブル工事（外装が金属製のケーブルは木造では禁止）
- 合成樹脂管工事
- がいし引き工事（展開した場所）
- 金属管工事（木造は禁止）

例題

問1 ①で示す引込線取付点の地表上の高さの最低値〔m〕は。ただし，技術上やむを得ない場合で，交通に支障がないものとする。

解答 2.5 m

問2 問1の図の②で示す部分の工事方法で**施工できない**工事方法は。 （令5上前・問40）

イ．金属管工事　　　　ロ．合成樹脂管工事
ハ．がいし引き工事　　ニ．ケーブル工事

解説 木造の場合，金属管工事はできません。　　【解答 イ】

35 引込口における開閉器と屋外配線の施設

　図5のように，低圧屋内電路には，引込口に近い箇所で，容易に開閉することができる箇所に開閉器（普通は過電流遮断器と兼ねる）①，②を施設します。

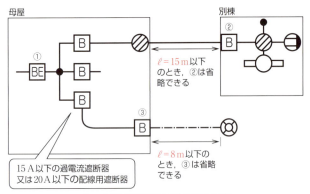

図5：引込口開閉器と屋外配線の施設

　庭園灯などの屋側配線又は屋外配線には，専用の開閉器（過電流遮断器を兼用）③を施設します。

　屋内電路用の過電流遮断器の定格電流が15 A（配線用遮断器にあっては20 A）以下のときは，ℓ が15 m以下の②，ℓ が8 m以下の③の開閉器及び過電流遮断器を屋内用のものと兼用できます。

引込口における開閉器と屋外配線の施設

 引込口と屋外配線の開閉器の省略条件

- 図5の引込開閉器（過電流遮断器）②は，ℓ が 15 m 以下のときは省略可能
- 図5の③の開閉器（過電流遮断器）は，ℓ が 8 m 以下のときは省略可能

例題

問1 ②で示す引込口開閉器が省略できる場合の，工場と倉庫との間の電路の長さの最大値〔m〕は。　　（令6下・問32）

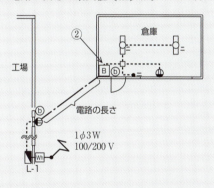

イ．5　　ロ．10　　ハ．15　　ニ．20

解説 分電盤（L-1）内にある 20 A の配線用遮断器と兼用できるとして省略できるのは，15 m 以下の場合です。　　【解答 ハ】

問2 定格電流 20 A の配線用遮断器で保護されている低圧屋内配線から屋外配線（屋外灯の配線）を分岐した場合，専用の過電流遮断器が省略できる屋外配線の長さの最大値〔m〕は。

イ．1　　ロ．5　　ハ．8　　ニ．15

解説 「ここがポイント」を参照。　　【解答 ハ】

36 メタルラス張り等の木造造営物における施設

メタルラス張り，ワイヤラス張り又は金属板張りの造営材を貫通する金属管やケーブルなどの施設方法は，次のようにします。

ここがポイント メタルラス張り等との絶縁

メタルラス，ワイヤラス，金属板を十分に切り開き，耐久性のある**絶縁管**などを用い，メタルラス等と**電気的に接続しない**ようにする。

例題

問 木造住宅の金属板張り（金属系サイディング）の壁を貫通する部分の低圧屋内配線工事として，**適切なもの**は。ただし，金属管工事，金属可とう電線管工事に使用する電線は，600 V ビニル絶縁電線とする。 (平30下・問20)

イ．ケーブル工事とし，壁の金属板張りを十分に切り開き，600 V ビニル絶縁ビニルシースケーブルを合成樹脂管に収めて電気的に絶縁し，貫通施工した。

ロ．金属管工事とし，壁に小径の穴を開け，金属板張りと金属管とを接触させ金属管を貫通施工した。

ハ．金属可とう電線管工事とし，壁の金属板張りを十分に切り開き，金属製可とう電線管を壁と電気的に接続し，貫通施工した。

ニ．金属管工事とし，壁の金属板張りと電気的に完全に接続された金属管に D 種接地工事を施し，貫通施工した。

指示電気計器の種類

解説 「メタルラス張り等の木造造営物における施設」により,「金属管工事,金属可とう電線管工事,ケーブル工事により施設する電線が,金属板張りの造営材を貫通する場合は,その部分の金属板を**十分に切り開き**,かつ,その部分の金属管,可とう電線管又はケーブルに,耐久性のある**絶縁管**をはめる,又は耐久性のある絶縁テープを巻くことにより,金属板と**電気的に接続しない**ように施設すること。」のように定められています。したがって,イ.が適切です。 【解答 **イ**】

37 指示電気計器の種類

指示電気計器は,可動素子による指針の振れを目盛から読み取る計器で,表は動作原理により分類したものです。

表3:指示電気計器の動作原理と記号

動作原理	記号	使用回路	説明
永久磁石可動コイル形		直流	永久磁石内のコイル電流の回転による。
可動鉄片形		主に交流	鉄片の磁化力による回転力による。
電流力計形		交流 直流	2コイルの電流力による回転力による。
整流形		交流	交流を直流に変換し,可動コイル形計器で指示する。
誘導形		交流	アルミニウムの円板内の移動磁界によって生じる電流による回転力による。

表4:置き方の記号

置き方	記号	説明
鉛直(垂直)		垂直に置く又は取り付ける
水平		水平に置いて使用

ここがポイント 計器の動作原理と図記号

- :永久磁石可動コイル形（直流用）
- :可動鉄片形（主に交流用）

例題

問1 電気計器の目盛板に図のような記号があった。記号の意味として、正しいものは。 (平23上・問25)

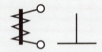

- イ．誘導形で目盛板を水平に置いて使用する。
- ロ．整流形で目盛板を鉛直に立てて使用する。
- ハ．可動鉄片形で目盛板を鉛直に立てて使用する。
- ニ．可動鉄片形で目盛板を水平に置いて使用する。

解説 :可動鉄片形の記号

:鉛直（垂直）使用の記号　　　　　　　　　　【解答 ハ】

問2 指示電気計器の目盛板に図のような記号がある。記号の意味及び測定できる回路は。

解答 永久磁石可動コイル形で，目盛板を鉛直（垂直）に立てて，直流回路で使用する。

問3 アナログ式回路計（電池内蔵）の測定レンジを図のように選定し測定したところ，目盛板の値を示した。測定値として，正しいものは。

（令6下・問24）

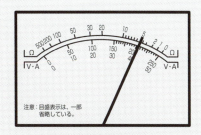

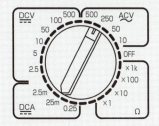

イ．直流 205 V
ロ．抵抗 4.5 Ω
ハ．交流 205 V
ニ．直流 20.5 mA

解説 レンジ切換レバーにより測定レンジが ACV（交流電圧）250 に選定されているので，最大目盛が 250 の目盛から，測定値は交流 205 V と読み取ることができます。
※レンジ（range）：範囲や領域，レバー（lever）：操作するときの取っ手，ACV：交流電圧，DCV：直流電圧，DCA：直流電流，Ω：抵抗

【解答 ハ】

38 計器の接続

　電圧計は電圧を測定する端子間に接続し，電流計は電流が流れる負荷と直列に接続します。電力計は，電圧コイルを負荷と並列に，電流コイルを負荷と直列に接続します。

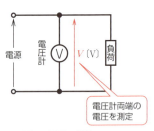

図6：電圧の測定

図7：電流の測定

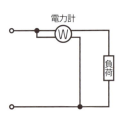

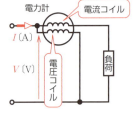

電力計は電圧 V〔V〕と電流 I〔A〕を測定し，
直流の場合は VI〔W〕を，交流の場合は $VI\cos\theta$〔W〕を指示する。

図8：電力の測定

計器の接続

ここがポイント 計器の接続方法

- 電圧計は負荷と並列に，電流計は負荷と直列に接続する。
- 電力計は負荷の電圧と電流を測定し，電力を指示する。

例題

問 図の交流回路は，負荷の電圧，電流，電力を測定する回路である。図中にa，b，cで示す計器の組合せとして，正しいものは。

(平24下・問27)

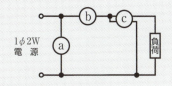

イ．a電流計　b電圧計　c電力計
ロ．a電力計　b電流計　c電圧計
ハ．a電力計　b電圧計　c電流計
ニ．a電圧計　b電流計　c電力計

解説 電圧計は負荷と並列に，電流計は負荷と直列に接続します。電力計は電圧コイルを負荷と並列に，電流コイルを負荷と直列に接続します。　【解答 ニ】

125

39 変流器

　交流の大きな電流を測定する場合，変流器を用いて小さな電流に変成し，一般の指示電気計器を用いて測定します。

　変流器の一次，二次巻線の巻数を N_1，N_2，電流を I_1〔A〕，I_2〔A〕とするとき，次の関係があります。

$$N_1 I_1 = N_2 I_2$$

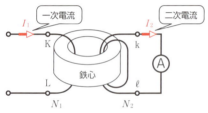

図9：変流器の原理

一次電流 I_1 により鉄心内に磁束を生じ，磁束の大きさに応じて二次電流 I_2 が流れる。

　この式を変形すると，$\dfrac{I_1}{I_2} = \dfrac{N_2}{N_1} = K$ であり，K を**変流比**といいます。一次電流 I_1 は，次式となります。

　　$I_1 = K I_2$　（一次電流＝変流比×二次電流）

　又，一次電流が流れているときに二次側を開放すると，鉄心内の磁束が飽和するため，危険です。

変流器

ここがポイント 一次電流の計算，二次側を開放しない

- 一次電流＝変流比×二次電流
- 一次電流を流した状態で，二次側を開放してはいけない。

例題

問 測定に関する機器の取扱いで，誤っているものは。

イ．変流器（CT）を使用した回路で通電中に電流計を取り替える際に，先に電流計を取り外してから変流器の二次側を短絡した。

ロ．電力を求めるために電圧計，電流計及び力率計を使用した。

ハ．回路の導通を確認するため，回路計を用いた。

ニ．電路と大地間の絶縁抵抗を測定するため，絶縁抵抗計のL端子を電路側に，E端子を接地側に接続した。

解説 変流器（CT）を使用した回路で通電中に電流計を取り替える場合は，先に変流器の二次側を短絡してから電流計を取り外します。

変流器は，通電中に二次側を開放してはいけません（通電中に二次側を開放すると，二次側に高電圧が発生する，鉄損による発熱を生じるなどの弊害を生じます）。　　　　　　　【解答 イ】

40 クランプメータ

　クランプメータ（クランプ形電流計，クランプ形漏れ電流計）のクランプ部は変流器で，変流器を貫通する電線に流れる電流 I〔A〕を測定します（図10）。漏れ電流 I_g〔A〕を測定するには，1回路の全電線を変流器に通します（図11）。

図10：線路電流の測定

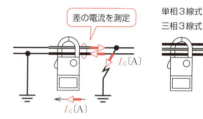

図11：漏れ電流 I_g（地絡電流）の測定

クランプに電線を挟み込んで電流値を測定

- 線路電流を測定：測定電流を変流器に貫通させて電流値を測定
- 漏れ電流の測定：1回路の全電線を変流器に貫通させて漏れ電流を測定

例題

問1 単相3線式回路の漏れ電流を，クランプ形漏れ電流計を用いて測定する場合の測定方法として，**正しいものは**。

ただし，━━━━ は中性線を示す。 (令4下後・問27)

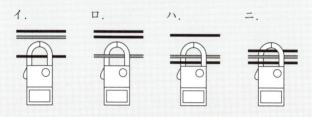

解説 クランプ形漏れ電流計を用いて，漏れ電流を測定するには，すべての電線（3線）をクランプ（変流器）に通します。
イは，クランプメータによって，電線に流れる電流を測定するものです。ロは，中性線の電流を測定するものです。　【解答 ニ】

問2 単相2線式100V回路の漏れ電流を，クランプ形漏れ電流計を用いて測定する場合の測定方法として，**正しいものは**。
(令4下前・問27)

ただし，━ ━ ━ ━ は接地線を示す。

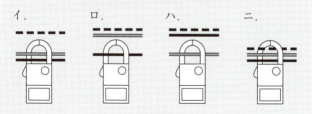

解説 接地線を除いた2本の電線をクランプに通します。
【解答 イ】

参考 接地線で漏れ電流を測定することもあります。

41 絶縁抵抗の測定

　低圧電路の電線相互間及び電路と大地（地面）との間の絶縁抵抗は，分岐回路ごとに表の値以上が必要です。
　また，測定が困難な場合は，漏えい電流が 1 mA 以下であればよいことになっています。

表5：低圧電路の絶縁抵抗値

電路の使用電圧の区分		絶縁抵抗値
300 V 以下	対地電圧が 150 V 以下	0.1 MΩ 以上
	対地電圧が 150 V を超える場合	0.2 MΩ 以上
300 V を超えるもの		0.4 MΩ 以上

電線相互間は図 12，電路と大地間は図 13 のように測定します。

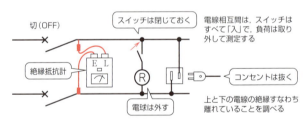

図 12：電線相互間の絶縁抵抗の測定

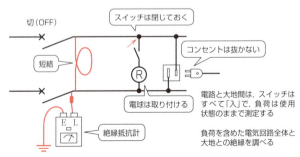

図 13：電路と大地間との絶縁抵抗の測定

絶縁抵抗の測定

ここがポイント 使用電圧による絶縁抵抗の最小値と測定方法

- 単相 100/200 V 回路：**0.1** MΩ
- 三相 200 V 回路　　：**0.2** MΩ
- 400 V 回路　　　　：**0.4** MΩ
- 漏えい電流は，**1 mA** 以下
- 電線相互間は，負荷を**外し**，スイッチを**閉じて**測定
- 大地間の値は，負荷を**接続**，スイッチを**閉じて**測定
- 絶縁抵抗計の定格測定電圧（出力電圧）は**直流電圧**である。

例題

問1 次表は，電気使用場所の開閉器又は過電流遮断器で区切られる低圧電路の絶縁抵抗の最小値についての表である。

A・B・Cの空欄にあてはまる数値の組合せとして，**正しいものは**。

(平23上・問26)

電路の使用電圧の区分		絶縁抵抗値
300 V 以下	対地電圧 150 V 以下の場合	A MΩ
	その他の場合	B MΩ
300 V を超えるもの		C MΩ

イ．A 0.1　B 0.2　C 0.4　　ロ．A 0.1　B 0.3　C 0.5
ハ．A 0.2　B 0.3　C 0.4　　ニ．A 0.2　B 0.4　C 0.6

解説 使用電圧による絶縁抵抗の最小値は，次のようになります。
- 単相 100/200 V 回路：**0.1** MΩ
- 三相 200 V 回路　　：**0.2** MΩ
- 400 V 回路　　　　：**0.4** MΩ

よって，Aは 0.1 MΩ，Bは 0.2 MΩ，Cは 0.4 MΩ となります。

【**解答 イ**】

問2 ⑧で示す部分の電路と大地間の絶縁抵抗として，許容される最小値〔MΩ〕は。

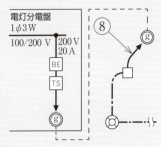

解説 電灯分電盤の電源が1φ3W 100/200Vより単相の200V回路とわかる。電路の対地電圧が100V（150V以下）なので，電線相互間及び電路と大地間の絶縁抵抗は，開閉器又は過電流遮断器で区切ることができる電路ごとに許容される最小値は，0.1 MΩです。

【解答 0.1 MΩ】

問3 ⑧で示す部分の電路と大地間の絶縁抵抗として，許容される最小値〔MΩ〕は。

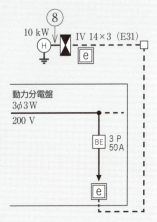

解説 動力分電盤の電源が3φ3W 200Vより三相200Vの回路とわかる。電路の対地電圧が200V（150Vを超え300V以下）なので，電線相互間及び電路と大地間の絶縁抵抗は，開閉器又は過電流遮断器で区切ることのできる電路ごとに許容される最小値は，0.2 MΩです。　【解答 0.2 MΩ】

問4 低圧の電路において，漏えい電流により絶縁性能を確認した。絶縁性能を有していると判断できる漏えい電流の最大値〔mA〕は。

解説 対地電圧／絶縁抵抗値（100V/0.1MΩ，200V/0.2MΩ，400V/0.4MΩ）は，いずれも1mAであり，漏えい電流は1 mA以下であればよい。　【解答 1 mA】

42 接地抵抗の測定

接地抵抗計（アーステスタ）で接地抵抗を測定するときは，図14のように被測定接地極と2つの補助接地極PとCを10m程度ずつ離して，ほぼ一直線に配置します。E端子に測定する接地極，PとC端子は，補助接地極に接続して測定します。

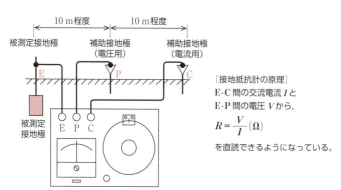

〔接地抵抗計の原理〕
E-C間の交流電流 I と
E-P間の電圧 V から，

$$R = \frac{V}{I} \, [\Omega]$$

を直読できるようになっている。

図14：接地抵抗計による接地抵抗の測定

ここがポイント 接地抵抗計の使い方

接地極と補助接地極の配置は，E，P，Cの順にほぼ一直線に10m程度離し，接地抵抗を測定

- 接地抵抗計の出力端子における電圧は交流電圧である。
（E－C間に交流電流を流して測定する。）

例題

問 直読式接地抵抗計を用いて、接地抵抗を測定する場合、被測定接地極Eに対する、2つの補助接地極P（電圧用）及びC（電流用）の配置として、**適切なものは**。

(平23下・問24)

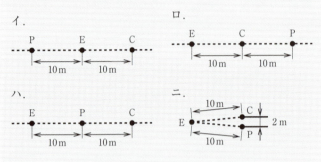

解説

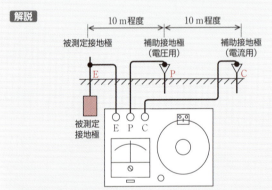

被測定接地極Eに対する、2つの補助接地極P（電圧用）及びC（電流用）の配置は、図のように一直線にE, P, Cの順にします。

参考 接地抵抗計は、E-C間に交流電流を流し、E-P間の電圧を測定します。電圧と電流の比から接地抵抗を直接測定できるようになっています。

【解答 ハ】

43 竣工検査

電気工作物が完成したとき,次の順序で竣工検査を行います。

目視で配線図どおりに施工されているかを点検し,次に絶縁抵抗値と接地抵抗値を測定して規定値を確保しているかを試験し,導通試験などの回路チェックを行い,最後に通電試験(試送電)を実施します。なお,②と③は,どちらが先でも大丈夫です。

①目視点検:引込線の点検,分電盤の点検,配線状況と電気機器の施設状況,接地工事の施設状況,その他
②絶縁抵抗の測定:屋内配線の分岐回路ごとに絶縁抵抗を測定し,規定値以上の抵抗値であることを確認
③接地抵抗の測定:接地抵抗を測定し,規定値以下になっているかを確認
④導通試験:結線の誤り,配線器具の結線などをテスタで調査
⑤通電試験(試送電):電圧の確認,電灯の点滅の確認,他

ここがポイント 竣工検査の手順

①目視点検　　②絶縁抵抗測定
③接地抵抗測定　④導通試験　⑤通電試験(試送電)

例題

問1 一般用電気工作物の低圧屋内配線の竣工検査をする場合，一般に行われていないものは。 (平23下・問25)

イ．目視点検

ロ．絶縁抵抗測定

ハ．接地抵抗測定

ニ．屋内配線の導体抵抗測定

解説 一般用電気工作物の低圧屋内配線の竣工検査をする場合，次の検査を行います。
①目視点検，②絶縁抵抗測定，③接地抵抗測定，④導通試験，⑤通電試験（試送電）
したがって，屋内配線の導体抵抗測定は行いません。 **【解答 ニ】**

問2 一般用電気工作物の竣工（新増設）検査に関する記述として，**誤っているものは**。 (令5上後・問24)

イ．検査は点検，通電試験（試送電），測定及び試験の順に実施する。

ロ．点検は目視により配線設備や電気機械器具の施工状態が「電気設備に関する技術基準を定める省令」などに適合しているか確認する。

ハ．通電試験（試送電）は，配線や機器について，通電後正常に使用できるかどうか確認する。

ニ．測定及び試験では，絶縁抵抗計，接地抵抗計，回路計などを利用して測定し，「電気設備に関する技術基準を定める省令」などに適合していることを確認する。

解説 通電試験（試送電）は，最後に実施します。 **【解答 イ】**

136

第4章

法令

44 住宅の屋内電路の対地電圧の制限

　住宅の屋内電路は，原則として単相100/200 Vですが，消費電力が2 kW以上の大きな負荷は，三相200 Vを使用できます。三相の200 Vを使用する場合は，各種の条件があります。

ここがポイント　対地電圧の制限

- 住宅の屋内電路の対地電圧：150 V以下
- 消費電力が2 kW以上の機械器具：対地電圧を300 V以下にできる（三相200 Vを使用できる）。

＜三相200 Vを使用する場合の条件＞
- 屋内配線及び電気機械器具には，簡易接触防護措置を施す。
- 屋内配線と直接接続する（コンセントは使用できない）。
- 専用の開閉器及び過電流遮断器を施設する。
- 電気を供給する電路には漏電遮断器を施設する。

一般には，専用の過電流保護機能付きの漏電遮断器を施設する

例題

問1　住宅の屋内に三相200 Vのルームエアコンを施設した。工事方法として，**適切なものは**。ただし，三相電源の対地電圧は200 Vで，ルームエアコン及び配線は簡易接触防護措置を施すものとする。

（令2下前・問21）

イ．定格 1.5 kW，専用の配線用遮断器を取り付け，コンセントを使用して接続した。

ロ．定格 1.5 kW，専用の漏電遮断器を取り付け，直接接続した。

ハ．定格 2.5 kW，専用の配線用遮断器と漏電遮断器を取り付け，直接接続した。

ニ．定格 2.5 kW，専用の配線用遮断器を取り付け，コンセントを使用して接続した。

解説 三相 200 V は 2 kW 以上で使用できる。コンセントは使用できない。　　　　　　　　　　　　　　　**【解答 ハ】**

問2　店舗付き住宅に三相 200 V，定格消費電力 2.8 kW のルームエアコンを施設する屋内配線工事の方法として，**不適切なものは**。　　　　　　　　　　　　　（令2下後・問21）

イ．屋内配線には，簡易接触防護措置を施す。

ロ．電路には，漏電遮断器を施設する。

ハ．電路には，他負荷の電路と共用の配線用遮断器を施設する。

ニ．ルームエアコンは，屋内配線と直接接続して施設する。

解説 配線用遮断器は，専用でなければならない。　**【解答 ハ】**

問3　特別な場合を除き，住宅の屋内電路に使用できる対地電圧の最大値〔V〕は。　　　　　　　　　　（平23上・問28）

イ．100　　　ロ．150　　　ハ．200　　　ニ．250

解説 住宅の屋内電路の対地電圧は，150 V 以下に制限されています。

参考 電気機械器具の定格消費電力が 2 kW 以上で，前ページの条件により施設する場合は，対地電圧を 300 V 以下にできます（三相 200 V を使用できる）。　　　　　　　　**【解答 ロ】**

45 電動機の過負荷保護

　屋内に施設する電動機には，過電流による焼損により火災が発生するおそれがないよう，過負荷保護装置（モータブレーカ，サーマルリレーなど）又は警報装置を施設します。ただし，次の場合は省略できます。

ここがポイント　電動機の過負荷保護装置などの省略条件

- 電動機を運転中，常時，取扱者が監視できる場合
- 電動機を焼損する過電流が生じるおそれがない場合
- 電動機が単相で，過電流遮断器の定格電流が 15 A（配線用遮断器にあっては 20 A）以下の場合
- 電動機の出力が 0.2 kW 以下の場合

例題

問　低圧電動機を屋内に施設するときの施工方法で，過負荷保護装置を**省略できない場合**は。ただし，過負荷に対する警報装置は設置していないものとする。

イ．電動機を運転中，常時，取扱者が監視できる場合
ロ．電源側回路に定格 15 A の過電流遮断器が設置されている電路に単相誘導電動機を設置する場合
ハ．三相誘導電動機の定格出力が 0.75 kW の場合
ニ．電動機の負荷の性質上，過負荷となるおそれがない場合

解説　過負荷保護装置を省略できるのは，出力が 0.2 kW 以下の電動機です。
【解答 ハ】

46 地絡遮断装置（漏電遮断器）の施設

金属製外箱を有する使用電圧が 60 V を超える低圧の機械器具に接続する電路には，漏電遮断器を施設しなければなりません。ただし，次の場合は省略できます。

ここがポイント　漏電遮断器の省略条件

- 機械器具に簡易接触防護措置を施す場合
- 機械器具を乾燥した場所に施設する場合
- 対地電圧 150 V 以下の機械器具を水気のある場所以外の場所に施設する場合
- 機械器具に施された C 種接地工事又は D 種接地工事の接地抵抗値が 3 Ω 以下の場合
- 電気用品安全法の適用を受ける二重絶縁構造の機械器具を施設する場合
- 絶縁変圧器 (300 V 以下) を施設し，機械器具側の電路を非接地とする場合
- 機械器具内に漏電遮断器を取り付ける場合

例題

問 1　単相 3 線式 100/200 V の屋内配線工事で漏電遮断器を省略できないものは。

イ．乾燥した場所の天井に取り付ける照明器具に電気を供給する電路

ロ．小勢力回路の電路

ハ．簡易接触防護措置を施してない場所に施設するライティングダクトの電路

ニ．乾燥した場所に施設した，金属製外箱を有する使用電圧200 V の電動機に電気を供給する電路

解説 ライティングダクトの導体に電気を供給する電路には，漏電遮断器を施設すること，ただし，ダクトに簡易接触防護措置を施す場合は省略できる。　　　　　　　　　　　　　　【解答 ハ】

問2　　低圧の機械器具に簡易接触防護措置を施してない（人が容易に触れるおそれがある）場合，それに電気を供給する電路に漏電遮断器の取り付けが**省略できるものは**。(平25上・問9)

イ．100 V ルームエアコンの屋外機を水気のある場所に施設し，その金属製外箱の接地抵抗値が 100 Ω であった。

ロ．100 V の電気洗濯機を水気のある場所に設置し，その金属製外箱の接地抵抗値が 80 Ω であった。

ハ．電気用品安全法の適用を受ける二重絶縁構造の機械器具を屋外に施設した。

ニ．工場で 200 V の三相誘導電動機を湿気のある場所に施設し，その鉄台の接地抵抗値が 10 Ω であった。

解説
・ 電気用品安全法の適用を受ける**二重絶縁構造の機械器具**を施設する場合は，漏電遮断器の取り付けが省略できる。
・ 機械器具の対地電圧が 150 V 以下の場合，**水気のある場所**では漏電遮断器の省略ができないので，イ．ロ．の記述の内容で漏電遮断器の省略はできません。
・ 漏電遮断器を省略できるのは，機械器具に施された D 種接地工事の接地抵抗値が **3 Ω 以下**の場合です，したがってニ．は，漏電遮断器を省略できません。　　　　　　　　　　　【解答 ハ】

47 電気事業法

電気事業法は，電気工作物の工事，維持及び運用を規制することによって，公共の安全を確保し，環境の保全を図ることを目的としています。

● 電気工作物の区分と一般用電気工作物の保安体制

電気工作物は，一般用電気工作物（住宅などの小規模需要設備）と事業用電気工作物に区分されます。事業用電気工作物は，さらに電気事業の用に供する電気工作物と自家用電気工作物に区分されます。

一般用電気工作物は，所有者が電気工作物を維持，管理することは困難なので，電線路維持運用者が技術基準（電技）に適合しているかを，電気工作物が設置されたとき，変更の工事が完成したとき及び4年に1回以上（登録点検業務受託法人が点検業務を受託している電気工作物の場合は，5年に1回以上）調査する義務を課しています。

● 一般用電気工作物

一般用電気工作物とその調査について，次のように決められています。

ここがポイント　一般用電気工作物とその調査

- 低圧（600 V 以下）で受電し，同一構内で使用するもの（構内：敷地内，施設内）
- 低圧で受電し，表1の発電設備を有するもの
  小規模事業用電気工作物を除く小規模発電設備

表1：一般用電気工作物となる発電設備

発電設備の種類	適用範囲（600 V 以下）
太陽電池発電設備	出力 10 kW 未満のもの
水力発電設備	出力 20 kW 未満，ダム堰を有さない，水量 $1\,\mathrm{m}^3/\mathrm{s}$ 未満のもの
内燃力発電設備	出力 10 kW 未満の内燃力を原動力とする火力発電設備
燃料電池発電設備	・出力 10 kW 未満のもの ・自動車に設置される出力 10 kW 未満のもの
スターリングエンジンによる発電設備で出力 10 kW 未満のもの	

- 電線路維持運用者が 4 年に 1 回以上，「電技」適合の調査を実施
- 受託電気工作物にあっては，5 年に 1 回以上

● **小規模発電設備**（600 V 以下）

小規模発電設備とは次の低圧の発電用電気工作物です。

ここがポイント　小規模発電設備

1) 太陽電池発電設備（50 kW 未満）
2) 風力発電設備（20 kW 未満）
3) 水力発電設備（20 kW 未満）
4) 内燃力を原動力とする火力発電設備（10 kW 未満）
5) 燃料電池発電設備（10 kW 未満）
6) スターリングエンジンによる発電設備（10 kW 未満）
7) 1）〜 6）の発電設備の合計出力が 50 kW 未満のもの

電気事業法

● **小規模事業用電気工作物**

小規模事業用電気工作物とは，小規模発電設備であって次の電気工作物です。

ここが ポイント 小規模事業用電気工作物

1) 太陽電池発電設備（10 kW 以上 50 kW 未満）
2) 風力発電設備（20 kW 未満）

「小規模事業用電気工作物」となることで，規制が強化された。

● **自家用電気工作物**

ここが ポイント 自家用電気工作物

1) 600 V を超える電圧で受電するもの
  （高圧，特別高圧で受電する工場，ビルなど）
2) 小規模発電設備を除く発電設備を有するもの
3) 構外にわたる電線路を有するもの
4) 火薬類を製造する事業場，石炭坑の電気工作物
5) 発電事業用の電気工作物
  （主務省令で定める要件に該当するものを除く）

例題

問1 一般用電気工作物に関する記述として，誤っているものは。

（令4上前・問30）

イ. 低圧で受電するものは，出力 50 kW の太陽電池発電設備を同一構内に施設すると，一般用電気工作物とならない。

ロ. 低圧で受電するものは，小規模事業用電気工作物を除く小規模発電設備を同一構内に施設すると，一般用電気工作物とならない。

ハ. 低圧で受電するものであっても，火薬類を製造する事業場など，設置する場所によっては一般用電気工作物とならない。

ニ. 高圧で受電するものは，受電電力の容量，需要場所の業種にかかわらず，一般用電気工作物とならない。

解説 小規模事業用電気工作物を除く小規模発電設備は一般用電気工作物となる。（イ. 10 kW 以上の太陽電池発電設備，ハ. 火薬類を製造する事業場，ニ. 高圧で受電するもの，は一般用電気工作物とならない。）
【解答 ロ】

問2 一般用電気工作物の適用を**受けるものは**。ただし，発電設備は電圧 600 V 以下で 1 構内に設置するものとする。

イ. 低圧受電で，受電電力の容量が 35 kW，出力 15 kW の非常用内燃力発電設備を備えた映画館

ロ. 低圧受電で，受電電力の容量が 35 kW，出力 5 kW の太陽電池発電設備と電気的に接続した出力 5 kW の風力発電設備を備えた農園

ハ. 低圧受電で，受電電力の容量が 45 kW，出力 5 kW の燃料電池発電設備を備えたコンビニエンスストア

ニ. 低圧受電で，受電電力の容量が 35 kW，出力 10 kW の太陽電池発電設備を備えた幼稚園

解説 10 kW 未満の（太陽電池，内燃力，燃料電池）発電設備は，一般用の適用を受ける。風力発電設備及び非常用は，一般用の適用を受けない。
【解答 ハ】

48 電気工事士法

電気工事士法は，電気工事の作業に従事する者の資格及び義務を定め，電気工事の欠陥による災害の発生の防止に寄与することを目的としています。

● 電気工事士の資格と作業範囲及び義務

電気工事の作業に従事する者の資格と電気工作物の作業範囲は，表2のように定められています。

表2：電気工事の作業に従事する者の資格と作業範囲（○は工事ができる範囲）

	一般用電気工作物等	自家用電気工作物，500 kW 未満の需要設備	
		簡易電気工事	特殊電気工事
第二種電気工事士	○		
第一種電気工事士	○	○	○
認定電気工事従事者		○	
特種電気工事資格者			○

※「一般用電気工作物等」とは，一般用電気工作物及び小規模事業用電気工作物をいう。
※簡易電気工事：自家用電気工作物のうち低圧（600 V 以下）部の電気工事
※特種電気工事資格者：自家用電気工作物の特殊電気工事（ネオン工事と非常用予備発電装置工事）については，特種電気工事資格者という認定証が必要

ここがポイント 電気工事士の義務

- 電気設備技術基準に適合した作業を行う。
- 作業に従事するときは，電気工事士免状を携帯する。
- 都道府県知事から工事内容に関して報告を求められた場合は，報告しなければならない。
- 電気用品安全法の適用を受ける品目は，表示のあるものを使用しなければならない。

● 電気工事士免状の交付等

電気工事士免状の交付，再交付，書き換えに関しては，次のようになっています。

ここがポイント　免状の交付と書き換え

- 免状の交付，再交付及び返納命令は，都道府県知事が行う。
- 氏名を変更した場合は都道府県知事に書き換えを申請する。

● 電気工事士でなければできない作業

電気工事士が行う主な作業は，次の通りです。

ここがポイント　電気工事士が行う作業

- 電線相互の接続作業
- がいしに電線を取り付ける，取り外す作業
- 電線を造営材などに取り付ける，取り外す作業
- 電線管，線ぴ，ダクトなどに電線を収める作業
- 配線器具を造営材などに取り付ける，取り外す，又はこれに電線を接続する作業
- 電線管を曲げる，ねじを切る，電線管相互の接続，電線管とボックスなどを接続する作業
- 金属製のボックスを造営材に取り付ける，取り外す作業
- 電線，電線管，線ぴ，ダクトなどが造営材を貫通する部分に金属製の防護装置を取り付ける，取り外す作業
- 金属製の電線管，線ぴ，ダクト及びこれらの付属品を建造物のメタルラス張り，ワイヤラス張り又は金属板張りの

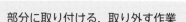

部分に取り付ける,取り外す作業

- 配電盤を造営材に取り付ける,取り外す作業
- 一般用電気工作物(電気機器を除く)に接地棒を取り付ける,取り外す作業
- 接地極を地面に埋設する作業

● 電気工事士でなくてもできる軽微な工事,作業

保安上支障がない工事として,資格がなくても行うことができる軽微な電気工事は,次のとおりです。

ここがポイント 工事士でなくてもできる軽微な工事,作業

- 接続器又は開閉器にコードやキャブタイヤケーブルを接続する工事
- 電気機器や蓄電池の端子に電線をねじ止めする工事
- 電力量計,電流制限器又はヒューズを取り付ける,取り外す工事
- 電鈴,インターホン,火災感知器,豆電球などの施設に使用する小型変圧器(二次電圧が 36 V 以下)の二次側の配線工事
- 電線を支持する柱,腕木などの設置又は変更する工事
- 地中電線用の暗きょ又は管を設置又は変更する工事
- 露出形点滅器,露出形コンセントを取り替える作業
- 金属製以外(合成樹脂製など)のボックスや防護装置の取り付け,取り外しの作業
- 600 V 以下の電気機器に接地線を取り付ける,取り外す作業

例題

問1 電気工事士法において，一般用電気工作物に係る工事の作業で，a，bともに電気工事士でなければ**従事できないもの**は。 (令6上・問28)

イ．a：配電盤を造営材に取り付ける。
　　b：電線管を曲げる。
ロ．a：地中電線用の管を設置する。
　　b：定格電圧 100 V の電力量計を取り付ける。
ハ．a：電線を支持する柱を設置する。
　　b：電線管に電線を収める。
ニ．a：接地極を地面に埋設する。
　　b：定格電圧 125 V の差込み接続器にコードを接続する。

解説 イのab，ハのb，ニのaは電気工事士が従事する作業。ロのab，ハのa，ニのbは「軽微な工事」に該当します。【解答 **イ**】

問2 電気工事士法において，第二種電気工事士であっても**従事できない作業**は。 (令5上前・問28)

イ．一般用電気工作物の配線器具に電線を接続する作業
ロ．一般用電気工作物に接地線を取り付ける作業
ハ．自家用電気工作物（最大電力 500 kW 未満の需要設備）の地中電線用の管を設置する作業
ニ．自家用電気工作物（最大電力 500 kW 未満の需要設備）の低圧部分の電線相互を接続する作業

解説 自家用電気工作物の低圧部分の作業は，「第二種電気工事士」であっても従事できない。**第一種電気工事士**又は**認定電気工事従事者**は従事できる。【解答 **ニ**】

49 電気工事業法
(電気工事業の業務の適正化に関する法律)

電気工事業法は，電気工事業を営む者の登録等及びその業務の規制を行うことにより，その業務の適正な実施を確保し，電気工作物の保安の確保を目的としています。

ここがポイント 電気工事業法による登録と業務規制

<電気工事業の登録>
2つ以上の都道府県に営業所を設置する場合は，経済産業大臣の，1つの都道府県の場合は，都道府県知事の登録を受ける必要があり，登録の有効期間は5年間である。

<営業所ごとに次の条件を満たす主任電気工事士を置くこと>
- 第一種電気工事士
- 第二種電気工事士で3年以上の実務経験を有するもの

<営業所ごとに備える器具>
- 絶縁抵抗計，接地抵抗計，回路計

<営業所及び施工場所ごとに掲示する標識の記載事項>
- 氏名又は名称，法人にあっては代表者の氏名
- 営業所の名称，電気工事の種類
- 登録の年月日，登録番号
- 主任電気工事士等の氏名

<営業所ごとに備える帳簿の記載事項と保存期間>
- 注文者の氏名又は名称及び住所
- 電気工事の種類及び施工場所
- 施工年月日

- 主任電気工事士等及び作業者の氏名
- 配線図
- 検査結果
- 帳簿は5年間保存

<電気工事業者の業務規制>
- 電気工事士等でない者を電気工事に従事させてはならない。
- 電気用品安全法の表示のある電気用品を電気工事に使用する。

例題

問1　電気工事業の業務の適正化に関する法律に定める内容に，適合していないものは。 (平21・問28)

イ．一般用電気工事の業務を行う登録電気工事業者は，第一種電気工事士又は第二種電気工事士免状の取得後電気工事に関し3年以上の実務経験を有する第二種電気工事士を，その業務を行う営業所ごとに，主任電気工事士として置かなければならない。

ロ．電気工事業者は，営業所ごとに帳簿を備え，経済産業省令で定める事項を記載し，5年間保存しなければならない。

ハ．登録電気工事業者の登録の有効期限は7年であり，有効期間の満了後引き続き電気工事業を営もうとする者は，更新の登録を受けなければならない。

ニ．一般用電気工事の業務を行う電気工事業者は，営業所ごとに，絶縁抵抗計，接地抵抗計並びに抵抗及び交流電圧を測定することができる回路計を備えなければならない。

電気工事業法

解説 登録電気工事業者の登録の有効期限は5年ですので，ハが適合していません。
主任電気工事士になれる条件は，第一種電気工事士又は第二種電気工事士免状の取得後電気工事に関し3年以上の実務経験を有する第二種電気工事士です。
電気工事業者は，営業所ごとに帳簿を備え，経済産業省令で定める事項を記載し，5年間保存しなければなりません。
一般用電気工事の業務を行う電気工事業者は，営業所ごとに，絶縁抵抗計，接地抵抗計並びに抵抗及び交流電圧を測定することができる回路計を備えなければなりません。　　　　【解答 ハ】

問2　電気工事業の業務の適正化に関する法律において，電気工事業者は，営業所ごとに帳簿を備え，その業務に関し経済産業省令で定める事項を記載し，これを5年間保存しなければならない。電気工事ごとに経済産業省令で定める帳簿に記載する事項は。

解答
・注文者の氏名または名称および住所
・電気工事の種類および施工場所
・施工年月日
・主任電気工事士等および作業者の氏名
・配線図
・検査結果

50 電気用品安全法

電気用品安全法は，電気用品の製造，販売等を規制し電気用品による危険及び障害の発生を防止することを目的としています。

特定電気用品は，構造又は使用方法からみて特に危険又は障害の発生するおそれが多いもの，特定電気用品以外の電気用品は，比較的危険又は障害の少ないものをいいます。

ここがポイント　電気用品の表示，販売と使用の制限，主な電気用品

＜電気用品の種類と表示＞

表3：電気用品の表示

特定電気用品の表示	特定電気用品以外の電気用品の表示
①届出事業者の名称 ②登録検査機関の名称 ③記号 構造上表示が困難なものにあっては，〈PS〉Eと表示	①届出事業者の名称 ②記号 構造上表示が困難なものにあっては，(PS) Eと表示

＜販売と使用の制限＞
- 電気用品の表示が付されているものでなければ，電気用品を販売，陳列することはできない。
- 電気用品の表示のない電気用品を，電気工作物の設置又は変更の工事に使用することはできない。

電気用品安全法

＜主な電気用品＞

表4：電気用品の例

特定電気用品の例	
電線類	絶縁電線：100 mm² 以下，ケーブル：22 mm² 以下，コード
ヒューズ類	温度ヒューズ，その他のヒューズ：1 A 以上 200 A 以下（筒形，栓形ヒューズは除く）
配線器具類	スイッチ：30 A 以下，コンセント，配線用遮断器，差込み接続器，電流制限器
小形単相変圧器類	変圧器：500 V・A 以下，安定器：500 W 以下
電熱器具類	電気温水器：10 kW 以下
電動力応用機械器具類	ポンプ：1.5 kW 以下，ショウケース：300 W 以下
携帯発電機	定格電圧 30 V 以上 300 V 以下
特定電気用品以外の電気用品の例	
電線管類と付属品，フロアダクト，線ぴ，換気扇，電灯器具，ラジオ，テレビ，リチウムイオン電池 など	

表5　よく出題される電気用品

特定電気用品	特定電気用品以外の電気用品
配線用遮断器 100 A 以下	電線管
漏電遮断器 100 A 以下	電線管類付属品
差込み接続器 50 A 以下	線ぴ
ケーブル 22 mm² 以下	電磁開閉器
絶縁電線 100 mm² 以下	ライティングダクト
コード	スイッチボックス
タンブラースイッチ	冷蔵庫
タイムスイッチ	電気ストーブ
フロートスイッチ	蛍光ランプ
電気便座	換気扇
携帯発電機	リモートコントロールリレー
放電灯用安定器	カバー付ナイフスイッチ

4章

法令

155

例題

問 1　電気用品安全法における特定電気用品に関する記述として，**誤っているもの**は。　　　　　　　　　（令 6 上・問 29）

イ．電気用品の製造の事業を行う者は，一定の要件を満たせば製造した特定電気用品に〈PSE〉の表示を付すことができる。

ロ．電線，ヒューズ，配線器具等の部品材料であって構造上表示スペースを確保することが困難な特定電気用品にあっては，特定電気用品に表示する記号に代えて＜PS＞Eとすることができる。

ハ．電気用品の輸入の事業を行う者は，一定の要件を満たせば輸入した特定電気用品に〈PSE〉の表示を付すことができる。

ニ．電気用品の販売の事業を行う者は，経済産業大臣の承認を受けた場合等を除き，法令に定める表示のない特定電気用品を販売してはならない。

解説　〈PSE〉又は＜PS＞Eの表示を付すことができる。

【解答 **ハ**】

問 2　特定電気用品に付すことが**要求されていない**表示事項は。　　　　　　　　　　　　　　　（平 26 上・問 29）

イ．〈PSE〉又は＜PS＞Eの記号

ロ．届出事業者名

ハ．登録検査機関名

ニ．製造年月

解説　イ，ロ，ハは付すことが要求されている。　　【解答 **ニ**】

51 電気設備技術基準

「電気設備技術基準」(「電技」) は，電気保安についてすべての電気工作物の基準とされています。また，具体的な内容を定め判断基準として「解釈」を公表し，技術的内容を具体的に示しています (主として 3 章の内容)。ここでは，電技第 1 条「用語の定義」と第 2 条「電圧の種別」について説明します。

ここがポイント 電気工事士が必要な主な用語の定義

- 「電路」とは，通常の使用状態で電気が通じているところをいう。
- 「電気機械器具」とは，電路を構成する機械器具をいう。
- 「電線」とは，強電流電気の伝送に使用する電気導体，絶縁物で被覆した電気導体又は絶縁物で被覆した上を保護被覆で保護した電気導体をいう。
- 「配線」とは，電気使用場所において施設する電線 (電気器具内の電線及び電線路の電線を除く) をいう。

● 電圧の種別

電気工作物は，電圧が高いほど危険であることから，「電技」では低圧，高圧，特別高圧に区分し，電圧ごとに規制に差を設け，保安上の安全を確保しています (表 6)。

表6 電圧の種別

電圧の種別	直流	交流
低圧	750 V 以下	600 V 以下
高圧	750 V を超え 7 000 V 以下	600 V を超え 7 000 V 以下
特別高圧	7 000 V を超えるもの	

例題

問1 「電気設備に関する技術基準を定める省令」に関する記述として，**誤っているもの**は。　　　（令6上・問30）

イ．電圧の種別である低圧，高圧及び特別高圧を規定している。
ロ．電気設備は，感電，火災その他人体に危害を及ぼし，又は物件に損傷を与えるおそれがないように施設しなければならないと規定している。
ハ．「電気機械器具」とは，電路を構成する機械器具をいうと定義されている。
ニ．「電線」とは，通常の使用状態で電気が通じているところをいうと定義されている。

解説 ニは「電路」の定義です。イは電技第2条，ロは電技第4条，ハは電技第1条。　　　**【解答 ニ】**

問2 「電気設備に関する技術基準を定める省令」で定められている交流の電圧区分で，**正しいもの**は。　　（令6下・問30）

イ．低圧は 600 V 以下，高圧は 600 V を超え 10 000 V 以下
ロ．低圧は 600 V 以下，高圧は 600 V を超え 7 000 V 以下
ハ．低圧は 750 V 以下，高圧は 750 V を超え 10 000 V 以下
ニ．低圧は 750 V 以下，高圧は 750 V を超え 7 000 V 以下

解説 「表6 電圧の種別」を参照。　　　**【解答 ロ】**

第5章

電気に関する
基礎理論

アクセスキー **M** （大文字のエム）

52 オームの法則

図1において，電圧 V〔V〕÷ 電流 I〔A〕＝抵抗 R〔Ω〕の関係が成り立つのがオームの法則です。電流の強さ I〔A〕は電圧 V〔V〕に比例し，抵抗 R〔Ω〕に反比例します。

図1：オームの法則

ここがポイント　抵抗は V/I，電流は V/R，電圧は IR

$$R = \dfrac{V}{I}\,〔Ω〕 \qquad I = \dfrac{V}{R}\,〔A〕 \qquad V = IR\,〔V〕$$

電気回路の抵抗 R は
抵抗＝電圧÷電流

抵抗に流れる電流 I は
電流＝電圧÷抵抗

抵抗両端の電圧 V は
電圧＝電流×抵抗

図2：抵抗 R，電流 I，電圧 V

例題

問　図のような回路で，スイッチSを閉じたとき，a-b 端子間の電圧〔V〕は。
（令5上前・問1）

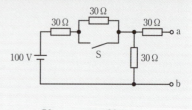

イ．30　　ロ．40　　ハ．50　　ニ．60

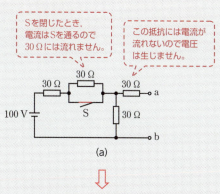

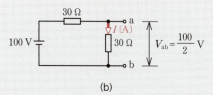

図 (a) は図 (b) のようになり，30Ωの抵抗2個を直列接続した回路になります。
回路に流れる電流 I 〔A〕は，**オームの法則**により，

$$I = \frac{100}{30+30} = \frac{100}{60} = \frac{5}{3} \text{ A} \quad \left[\text{電流} = \frac{\text{電圧}}{\text{抵抗}}\right]$$

a-b端子間の電圧 V_{ab} 〔V〕は，オームの法則により，

$$V_{ab} = I \times R = \frac{5}{3} \times 30 = 50 \text{ V} \quad [\text{電圧} = \text{電流} \times \text{抵抗}]$$

別解 同じ抵抗が2個直列に接続される場合，a-b間の電圧 V_{ab} は，電源電圧の $\frac{1}{2}$ 倍になります。

$$V_{ab} = \frac{100}{2} = 50 \text{ V}$$

【解答 ハ】

53 合成抵抗

いくつかの抵抗を組み合わせたときの全体の抵抗を，合成抵抗といいます。

直列合成抵抗は，和（足し算）で求められます。

2抵抗の並列合成抵抗は，和分の積（分母は足し算，分子はかけ算）で求められます。

ここがポイント　直列合成抵抗は和　2抵抗の並列合成抵抗は，和分の積

＜直列合成抵抗は和＞

$R_0 = R_1 + R_2 \,[\Omega]$

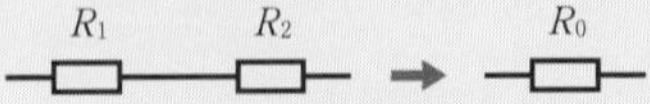

図3：直列合成抵抗

＜2抵抗の並列合成抵抗は，和分の積＞

$R_0 = \dfrac{R_1 R_2}{R_1 + R_2} \,[\Omega]$

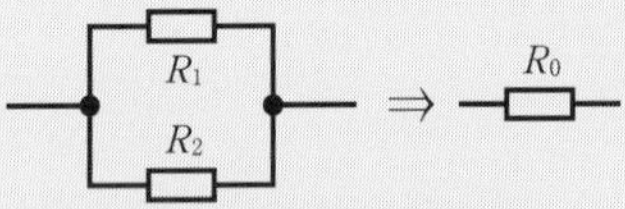

図4：2抵抗の並列合成抵抗

《和分の積の変形》

$R_0 = \dfrac{R_1 R_2}{R_1 + R_2} = \dfrac{R_1}{1 + \dfrac{R_1}{R_2}} = \dfrac{R_1}{1 + 抵抗値の比} \,[\Omega]$

※ R_1 を大きい方の値とした方が，簡単に計算できます。

合成抵抗

例題

問 図のような回路で，端子a-b端子間の合成抵抗〔Ω〕は。

(令6下・問1)

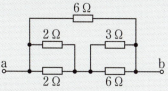

イ．1　　ロ．2　　ハ．3　　ニ．4

解説

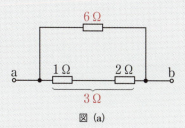

図 (a)

2Ωが2個の並列合成抵抗は，$\dfrac{積}{和} = \dfrac{2 \times 2}{2+2} = \dfrac{4}{4} = 1\,Ω$

(同じ抵抗の場合は$\dfrac{1}{2}$倍の1Ω)

3Ωと6Ωの並列合成抵抗は，$\dfrac{積}{和} = \dfrac{3 \times 6}{3+6} = \dfrac{18}{9} = 2\,Ω$

問題の図は図(a)のようになり，1Ωと2Ωの直列合成抵抗は，$1+2=3\,Ω$となります。したがって，6Ωと3Ωの抵抗を並列接続した回路になります。6Ωと3Ωの並列合成抵抗R_{ab}は，

$$R_{ab} = \dfrac{積}{和} = \dfrac{6 \times 3}{6+3} = \dfrac{18}{9} = 2\,Ω$$

又は，

$$R_{ab} = \dfrac{大きい方の抵抗値}{1+抵抗値の比} = \dfrac{6}{1+\dfrac{6}{3}} = 2\,Ω$$

6÷3＝2 (抵抗値の比)

【解答 ロ】

54 ブリッジ回路

4個の抵抗の間に $R_5〔Ω〕$ のような橋渡しのある回路をブリッジ回路といいます。$R_5〔Ω〕$ の電流 I_5 が 0 A のとき,ブリッジが平衡したといいます。

ここがポイント 対辺抵抗値の積が等しいとき ブリッジは平衡する

$R_1 R_4 = R_2 R_3$
(ブリッジの平衡条件)

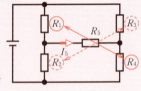

図5:ブリッジ回路

例題

問 図の回路において,抵抗 50 Ω の電流が 0 A であった。抵抗 $R〔Ω〕$ の値は。

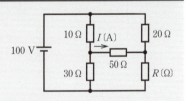

イ. 30   ロ. 40   ハ. 50   ニ. 60

解説 $I = 0$ A より,ブリッジ回路は平衡しています。ブリッジの平衡条件より,$10R = 30 × 20$(対辺抵抗値の積が等しい)

$$R = \frac{30 \times 20}{10} = 60 \text{ Ω}$$

【解答 ニ】

55 分電圧（分圧）

2抵抗 R_1, R_2〔Ω〕を直列接続し V_0〔V〕を加えたとき，各抵抗の電圧（分電圧）V_1, V_2〔V〕は，V_0 を $R_1:R_2$ に比例配分します。

$$V_1 : V_2 = R_1 : R_2$$

ここがポイント　分電圧は，抵抗に比例

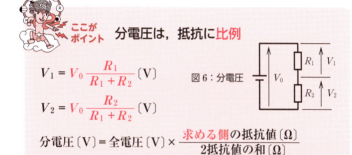

$$V_1 = V_0 \frac{R_1}{R_1 + R_2} \text{〔V〕}$$

$$V_2 = V_0 \frac{R_2}{R_1 + R_2} \text{〔V〕}$$

図6：分電圧

分電圧〔V〕＝全電圧〔V〕× $\dfrac{\text{求める側の抵抗値〔Ω〕}}{\text{2抵抗値の和〔Ω〕}}$

例題

問 図のような直流回路で，a-b 間の電圧〔V〕は。

（令5下前・問1）

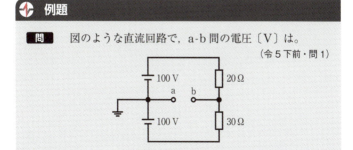

イ. 10　　ロ. 20　　ハ. 30　　ニ. 40

解説 接地点を c に移し,点 c を 0 V とします。

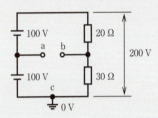

① a-c 間の電圧は, $V_{ac} = 100$ V
② b-c 間の電圧は,分電圧の公式より,
$$V_{bc} = 200 \times \frac{30}{20+30} = 120 \text{ V}$$
③ a-b 間の電圧は,V_{bc} 〔V〕と V_{ac} 〔V〕の差の電圧なので,
$V_{bc} - V_{ac} = 120 - 100 = $ **20** V

【解答 ロ】

56 分路電流(分流)

2抵抗 R_1,R_2 〔Ω〕を並列接続した回路で,全体の電流を I_0 〔A〕としたとき,各抵抗の分路電流 I_1:I_2〔A〕は,I_0〔A〕を抵抗値の逆数で比例配分します。

$$I_1 : I_2 = \frac{1}{R_1} : \frac{1}{R_2} \quad (I_1 : I_2 = R_2 : R_1)$$

分路電流（分流）

ここがポイント　2抵抗の分路電流は、小抵抗に大電流

$I_1 = I_0 \dfrac{R_2}{R_1 + R_2}$ 〔A〕

$I_2 = I_0 \dfrac{R_1}{R_1 + R_2}$ 〔A〕

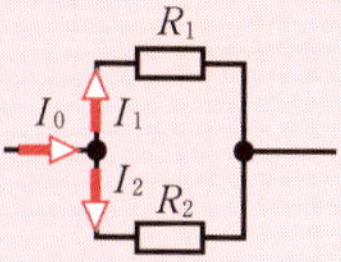

図7：分路電流

分路電流〔A〕＝全電流〔A〕× $\dfrac{\text{反対側の抵抗値〔Ω〕}}{\text{2抵抗値の和〔Ω〕}}$

例題

問 図のような回路で、電流計Ⓐは10 Aを示している。抵抗40 Ωに流れる電流 I〔A〕は。

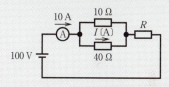

イ．2　　ロ．4　　ハ．6　　ニ．8

解説 2抵抗の分路電流を求める公式は、

$I = I_0 \dfrac{R_1}{R_1 + R_2}$ 〔A〕

（求める側と反対側の抵抗値／2抵抗値の和）

$I_0 = 10$ A, $R_1 = 10$ Ω, $R_2 = 40$ Ω を代入します。

$I = 10 \times \dfrac{10}{10 + 40} = 2$ A

【解答 **イ**】

57 電線の抵抗

電線など導体の抵抗 R 〔Ω〕は,長さ L 〔m〕に比例し,断面積 A 〔m²〕に反比例します。

ρ は抵抗率といい,$L = 1\,\mathrm{m}$,$A = 1\,\mathrm{m}^2$ のときの抵抗で,単位は (Ω・m) です。

ここがポイント 電線の抵抗は,長さに比例,直径の2乗に反比例

$$R = \rho \frac{L}{A} = \rho \frac{L}{\pi\left(\dfrac{D}{2}\right)^2} = \frac{4\rho L}{\pi D^2}\ \text{〔Ω〕}$$

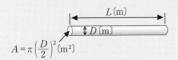

$A = \pi\left(\dfrac{D}{2}\right)^2 \text{〔m}^2\text{〕}$

図8:電線の抵抗

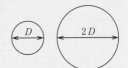

図9:直径 D が2倍で断面積 A は4倍

電線の長さ L が2倍であれば,
抵抗は2倍(断面積 A が同じとき)

電線の直径 D が2倍であれば,
抵抗は $\dfrac{1}{4}$ 倍(長さ L が同じとき)

例題

問1 抵抗率 ρ 〔Ω・m〕，直径 D 〔mm〕，長さ L 〔m〕の導線の電気抵抗〔Ω〕を表す式は。 (令4上後・問2)

イ. $\dfrac{4\rho L}{\pi D^2} \times 10^6$ ロ. $\dfrac{\rho L^2}{\pi D^2} \times 10^6$

ハ. $\dfrac{4\rho L}{\pi D} \times 10^6$ ニ. $\dfrac{4\rho L^2}{\pi D} \times 10^6$

解説 抵抗率 ρ 〔Ω・m〕，直径 D 〔m〕，長さ L 〔m〕の導線の電気抵抗 R 〔Ω〕は，

$$R = \rho \dfrac{L}{A} = \rho \dfrac{L}{\dfrac{\pi D^2}{4}} = \dfrac{4\rho L}{\pi D^2} \text{〔Ω〕} \quad \text{断面積} \left[A = \pi \left(\dfrac{D}{2}\right)^2 = \dfrac{\pi D^2}{4} \text{〔m}^2\text{〕} \right]$$

問題は，D の単位が〔mm〕なので，$\left[\overset{\text{ミリ}}{\text{〔m〕}} = \dfrac{1}{1000} = 10^{-3} \right]$

D の代わりに $D \times 10^{-3}$ 〔m〕を代入すると，

$$R = \dfrac{4\rho L}{\pi (D \times 10^{-3})^2} = \dfrac{4\rho L}{\pi D^2} \times 10^6 \text{〔Ω〕}$$

※抵抗は，長さ L に比例→分子に L
　断面積 $\pi D^2/4$ に反比例→分母に D^2 } がある式が正解

【解答 **イ**】

問2 電気抵抗 R 〔Ω〕，直径 D 〔mm〕，長さ L 〔m〕の導線の抵抗率 ρ 〔Ω・m〕を表す式は。 (令6上・問2)

イ. $\dfrac{\pi DR}{4L \times 10^3}$ ロ. $\dfrac{\pi D^2 R}{L^2 \times 10^6}$

ハ. $\dfrac{\pi D^2 R}{4L \times 10^6}$ ニ. $\dfrac{\pi DR}{4L^2 \times 10^3}$

解説 例題1の解答の式を，$\rho =$ の式に変形します。
矢印の掛け算（たすき掛け）の式が等しくなるように変形します。

$$\dfrac{R}{1} \times \dfrac{4\rho L \times 10^6}{\pi D^2}$$

$$\dfrac{\rho}{1} \times \dfrac{\pi D^2 R}{4L \times 10^6} \qquad \rho = \dfrac{\pi D^2 R}{4L \times 10^6} \text{〔Ω・m〕}$$

※分母に L，分子に D^2 がある式が正解です。【解答 **ハ**】

58 直流回路の電力

1秒間の電気エネルギーを電力といい P〔W〕で表します。直流回路では，電圧 V〔V〕と電流 I〔A〕の積で求められます。

ここがポイント 電力は，VI 又は I^2R が重要

$$P = VI = I^2R = \frac{V^2}{R} \text{〔W〕}$$

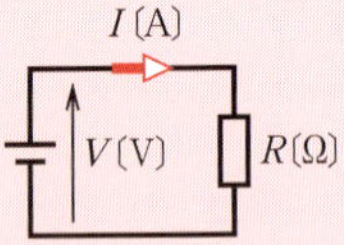

図10：電力

$P = VI$〔W〕の V に IR を代入すると，$P = I^2R$〔W〕

$P = VI$〔W〕の I に $\dfrac{V}{R}$ を代入すると，$P = \dfrac{V^2}{R}$〔W〕

例題

問 抵抗 R〔Ω〕に電圧 V〔V〕を加えると，電流が I〔A〕が流れ，P〔W〕の電力が消費される場合，抵抗 R〔Ω〕を示す式として，誤っているものは。 (令4下後・問2)

イ. $\dfrac{V}{I}$ ロ. $\dfrac{P}{I^2}$ ハ. $\dfrac{V^2}{P}$ ニ. $\dfrac{PI}{V}$

解説 オームの法則より，$R = \dfrac{V}{I}$〔Ω〕 …イは正しい

電力の公式 $P = I^2R = \dfrac{V^2}{R}$〔W〕から R〔Ω〕を求めると，

$R = \dfrac{P}{I^2} = \dfrac{V^2}{P}$〔Ω〕 …ロ，ハは正しい

【解答 ニ】

59 電力量

電力 P〔W〕と時間 t〔s〕(秒)の積はエネルギーの総量を表し、これを電力量といい、W_p〔W・s〕で表します。

時間の単位は、s(秒)を用いる場合と h(時)を用いる場合があります。

ここがポイント 電力量は、電力×時間
電力量は、ワット秒又はワット時

＜電力量は、電力×時間＞
$W_p = Pt$〔W・s〕

＜電力量は、ワット秒又はワット時＞
W_p〔W・s〕$= P$〔W〕$\times t$〔s〕(Pワットでt秒間の電力量)
W_p〔W・h〕$= P$〔W〕$\times T$〔h〕(PワットでT時間の電力量)
W_p〔kW・h〕$= P$〔kW〕$\times T$〔h〕(PキロワットでT時間の電力量)

例題

問1 消費電力が 500 W の電熱器を、1 時間 30 分使用したときの電力量〔kW・s〕は。

イ. 450　　ロ. 750　　ハ. 1 800　　ニ. 2 700

解説 1時間30分 ($1.5 \times 3600 = 5400$ s)
電力量〔W・s〕＝電力〔W〕×時間〔s〕より，
$W_p = 500 \times 5400 = 2700{,}000$ W・s ＝ 2700 kW・s

（0 3個の代わり）

参考 〔W〕＝〔J/s〕より（電力1Wの発熱量は1J/s（ジュール毎秒）），2700〔kW・s〕＝ 2700〔kJ/s・s〕＝ 2700 kJ
(2700 **キロワット秒**の電力量は，2700 **キロジュール**の発熱量に等しい)

【解答 **ニ**】

問2 抵抗に100Vの電圧を2時間30分加えたとき，電力量が4kW・hであった。抵抗に流れる電流〔A〕は。

(令5上前・問3)

イ．16　　ロ．24　　ハ．32　　ニ．40

解説

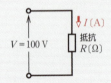

抵抗で消費される電力 P〔W〕は，
　$P = VI$〔W〕
T〔h〕電流を流したときの電力量
　W_p〔W・h〕（ワット時）は，　　　　※ワット時＝ワットアワー
　$W_p = PT = VIT$〔W・h〕
　$W_p = 4000$ W・h，$V = 100$ V，$T = 2.5$ h，を代入すると，
　$4000 = 100 \times I \times 2.5$　　※ 4 kW・h ＝ $4{,}000$ W・h

$I = \dfrac{4000}{100 \times 2.5} = \dfrac{40}{2.5} = 16$ A

（kは0が3個）

【解答 **イ**】

60 ジュールの法則

抵抗を流れる電流によって発生する熱量 Q〔W・s〕は，電流 I〔A〕の2乗（I^2）と抵抗 R〔Ω〕及び時間 t〔s〕の積に比例します。これをジュールの法則といいます。

ここがポイント 電流による発熱量は，ジュール（＝ワット秒）

$Q = I^2 R t = P t$〔J〕　$1\,\mathrm{J} = 1\,\mathrm{W\cdot s}$

例題

問 電線の接続不良により，接続点の接触抵抗が 0.2 Ω となった。この電線に 15 A の電流が流れると，接続点から 1 時間に発生する熱量〔kJ〕は。ただし，接触抵抗の値は変化しないものとする。
(令6上・問3)

イ．11　　ロ．45　　ハ．72　　ニ．162

解説 抵抗 R で消費する電力 P〔W〕(1秒間の発熱量〔J/s〕) は，

$P = I^2 R = 15^2 \times 0.2 = 45\,\mathrm{W} = 45\,\mathrm{J/s}$

接続点から1時間に発生する熱量は，1時間＝3 600秒を掛けます。

$Q = P \times t = 45\,\mathrm{J/s} \times 3\,600\,\mathrm{s} = 162\,000\,\mathrm{J} = 162\,\mathrm{kJ}$

【解答 ニ】

61 熱量計算

　水を電気温水器などで加熱するとき，電気エネルギーによる発生熱量（$3\,600\,PT\eta$〔kJ〕）と水の温度上昇に要する熱量（$mc\theta$〔kJ〕）は，等しくなります。

ここがポイント　電気エネルギー＝温度上昇に要する熱量

$3\,600\,PT\eta = mc\theta$〔kJ〕
水の比熱は $c = 4.2$ kJ/(kg・K)

3 600 は 1h（時間）の秒数。3 600 T は T 時間の秒数
P：電力〔kW〕　T：時間〔h〕　η：熱効率（小数）
m：質量〔kg〕又は〔L（リットル）〕
c：比熱。1 kg の水を 1 K 温度上昇させるのに必要な熱量
θ：加熱前後の温度差〔K〕
※ K（ケルビン）：絶対温度の単位。T〔K〕と t〔℃〕の関係は，
　$T = t + 273.15$〔K〕で表される。温度差は，〔K〕と〔℃〕は同じ。

例題

問　電熱器により，60 kg の水の温度を 20 K 上昇させるのに必要な電力量〔kW・h〕は。ただし，水の比熱は 4.2 kJ/(kg・K)とし，熱効率は 100 ％ とする。　　（令1上・問3）

イ．1.0　　ロ．1.2　　ハ．1.4　　ニ．1.6

解説 消費電力 P〔kW〕，熱効率 100 %（$\eta = 1$）の電熱器を T〔h〕使用したときの発熱量と，質量 60 kg，比熱 4.2 kJ/(kg・K)の水を 20K だけ温度を上昇させるのに要する熱量が等しいことから次式が成り立つ。

電熱器による発熱量　　水の温度上昇に要する熱量

$$P \times 3\,600\,T \times \overset{\eta}{1} = \overset{m}{60} \times \overset{c}{4.2} \times \overset{\theta}{20}$$

$$\left[\mathrm{k}\frac{\mathrm{J}}{\mathrm{s}} \right] [\mathrm{s}] = [\mathrm{kg}] \left[\frac{\mathrm{kJ}}{\mathrm{kg} \cdot \mathrm{K}} \right] [\mathrm{K}]$$

電力量 PT〔kW・h〕は，

$$PT = \frac{60 \times 4.2 \times 20}{3\,600} = \frac{4.2}{3} = 1.4 \ \mathrm{kW \cdot h}$$

【解答 ハ】

62 交流の周期と周波数

コンセントの電圧のように，$V_\mathrm{m} \sim -V_\mathrm{m}$〔V〕の間で変化する電圧を交流電圧といい，$I_\mathrm{m} \sim - I_\mathrm{m}$〔A〕の間で変化する電流を交流電流といいます。このような交流の電圧，電流を正弦波交流ともいいます。

交流の変化 1 回に要する時間を周期といい，T〔^秒s〕で表します。又，1 秒間に変化する回数を周波数といい，f〔^{ヘルツ}Hz〕で表します。

5章 電気に関する基礎理論

175

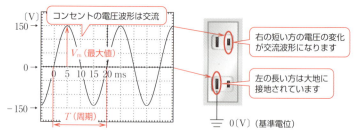

図 11：交流電圧

周期と周波数は互いに逆数関係

$$T = \frac{1}{f} \text{ (s)} \qquad f = \frac{1}{T} \text{ (Hz)}$$

＜例＞ $f = 50\text{Hz}$ のとき
$T = \dfrac{1}{50} = 0.02 \text{ s} = 20 \text{ ms}$

例題

問 周期が 1 ms の交流波形の周波数 〔Hz〕は。

イ．50　　ロ．60　　ハ．100　　ニ．1 000

解説 交流波形の周波数を f〔Hz〕, 周期を T〔s〕とすると,

$f = \dfrac{1}{T}$〔Hz〕

$T = 1 \times 10^{-3}$ より

$f = \dfrac{1}{1 \times 10^{-3}} = 1 \times 10^{3} = 1\ 000$ Hz

【解答 ニ】

63 正弦波交流の実効値と最大値

交流の電圧，電流を，これと等しい仕事をする直流の大きさをもって表した値を，実効値といいます。

ここがポイント 正弦波交流の最大値は，実効値の $\sqrt{2}$ 倍

$$V = \frac{V_m}{\sqrt{2}} \text{〔V〕} \quad I = \frac{I_m}{\sqrt{2}} \text{〔A〕} \quad \left(実効値 = \frac{最大値}{\sqrt{2}}\right)$$

$$V_m = \sqrt{2}\, V \text{〔V〕} \quad I_m = \sqrt{2}\, I \text{〔A〕} \quad (最大値 = \sqrt{2} \times 実効値)$$

<例>実効値が100 Vのとき，電圧の最大値は $\sqrt{2} \times 100 ≒ 141$ V

例題

問 実効値が105 Vの正弦波交流電圧の最大値は。

(平22・問2)

イ．105　ロ．148　ハ．182　ニ．210

解説 最大値 $= \sqrt{2} \times$ 実効値 $≒ 1.41 \times 105 ≒ 148$ V

参考 実効値が100 Vのときは，$1.41 \times 100 = 141$ V
実効値が105 Vのときは，141 Vより少し大きな値で解答を選ぶこともできます。

【解答 ロ】

64 交流回路のオームの法則

交流回路で電流を妨げる要素に，抵抗（R），コイル（L），コンデンサ（C）があります。各要素の電圧と電流の比は，電流の流れにくさを表すもので，抵抗（レジスタンス）R〔Ω〕，誘導性リアクタンス X_L〔Ω〕，容量性リアクタンス X_C〔Ω〕といいます。

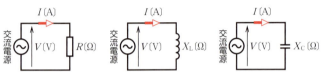

図12：抵抗，誘導性リアクタンス，容量性リアクタンス

ここがポイント 抵抗 R，リアクタンス X は，電圧 V と電流 I の比

$$R = \frac{V}{I} \text{〔Ω〕} \quad X_L = \frac{V}{I} \text{〔Ω〕} \quad X_C = \frac{V}{I} \text{〔Ω〕}$$

例題

問 コイルに，実効値が 200 V の交流電圧を加えたところ実効値が 1.25 A の電流が流れた。このときコイルの誘導性リアクタンスの値〔Ω〕は。

ただし，コイルの抵抗は無視できるものとする。

イ．100　　ロ．160　　ハ．200　　ニ．240

解説 コイルの誘導性リアクタンス X_L〔Ω〕は，コイルに加えた電圧 ÷ 流れる電流です。

$$X_L = \frac{V}{I} = \frac{200}{1.25} = 160 \text{ Ω}$$

※誘導性リアクタンス X_L〔Ω〕は，コイルの交流抵抗と考えることができます。

【解答 ロ】

65 リアクタンスの大きさ

　コイルの電気的作用の大きさを表す定数を**インダクタンス**といい L〔H〕で表します。コイルの誘導性リアクタンス X_L〔Ω〕は，周波数 f〔Hz〕とインダクタンス L〔H〕に比例します。

ここがポイント　コイルは f が高いと X_L は大，電流は小さくなる

$X_L = 2\pi f L$ 〔Ω〕　　$\pi = 3.14$　　（X_L：誘導性リアクタンス）

　コンデンサの電気的な能力を**静電容量**といい C〔F〕で表します。コンデンサの容量性リアクタンス X_C〔Ω〕は，周波数 f〔Hz〕と静電容量 C〔F〕に反比例します。

ここがポイント　コンデンサは f が高いと X_C は小，電流は大きくなる

$X_C = \dfrac{1}{2\pi f C}$〔Ω〕　　$\pi = 3.14$　　（X_C：容量性リアクタンス）

例題

問1　コイルに 100 V，50 Hz の交流電圧を加えたら 6 A の電流が流れた。このコイルに 100 V，60 Hz の交流電圧を加えたときに流れる電流〔A〕は。
　ただし，コイルの抵抗は無視できるものとする。
イ．4　　ロ．5　　ハ．6　　ニ．7　　（令4上後・問4）

解説 コイルの誘導性リアクタンスは周波数に比例するので，60 Hz のリアクタンスは，50 Hz のリアクタンスと比較して，$\frac{60}{50} = 1.2$ 倍となります。電流はリアクタンスに反比例するので，60Hz のとき流れる電流は，50 Hz のときの $\frac{50}{60} = \frac{1}{1.2}$ 倍となります。

60 Hz における電流 I は，

$$I = 6 \times \boxed{\frac{50}{60}} = 5 \text{ A}$$ 電流が小さくなるように周波数の比を掛ければよい。

参考 コイルの電流は周波数が高くなると，小さくなります。

【解答 ロ】

問2 コンデンサに 100 V，50 Hz の交流電圧を加えたら 6 A の電流が流れた。このコンデンサに 100 V，60 Hz の交流電圧を加えたときに流れる電流〔A〕は。

　イ．0　　ロ．5.0　　ハ．6.0　　ニ．7.2

解説

$$I = 6 \times \boxed{\frac{60}{50}} = 7.2 \text{ A}$$ 電流が大きくなるように周波数の比を掛ければよい。

参考 コンデンサの電流は周波数が高くなると，大きくなります。

【解答 ニ】

66 インピーダンス

交流回路の電流の通しにくさをインピーダンスといい Z〔Ω〕で表します。

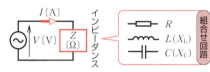

図13：インピーダンス

> **ここがポイント** **インピーダンス Z は，電圧 V と電流 I の比**
>
> $Z = \dfrac{V}{I}$ 〔Ω〕 （Z：インピーダンス）

例題

問 単相105 Vの回路で，ルームエアコンを使用したとき回路の電流を測定したら5.25 Aの電流が流れた。エアコンのインピーダンス Z〔Ω〕は。

イ．5.25　　ロ．10.5　　ハ．20　　ニ．25

解説 ルームエアコンのインピーダンス Z〔Ω〕は，ルームエアコンに加えた電圧 ÷ 流れる電流です。

$$Z = \dfrac{V}{I} = \dfrac{105}{5.25} = 20 \text{ Ω}$$

※インピーダンス Z〔Ω〕は，負荷（問題ではエアコン）の交流抵抗と考えることができます。

【解答 ハ】

67 R-L-Cの直列回路

R-L-C（抵抗，コイル，コンデンサ）の直列回路のインピーダンス Z〔Ω〕は，直角三角形の斜辺の長さです。θ は，電圧と電流の位相差となります。

ここがポイント 直列回路は，インピーダンスの直角三角形をつくる

R-X_L 直列回路のインピーダンス

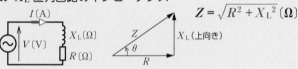

$$Z = \sqrt{R^2 + X_L^2}\ \text{〔Ω〕}$$

R-X_C 直列回路のインピーダンス

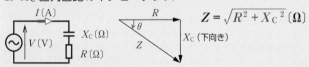

$$Z = \sqrt{R^2 + X_C^2}\ \text{〔Ω〕}$$

R-X_L-X_C 直列回路のインピーダンス

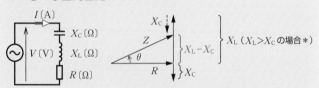

$$Z = \sqrt{R^2 + (X_L - X_C)^2}\ \text{〔Ω〕}\ (X_L > X_C \text{の場合} *)$$

$$Z = \sqrt{R^2 + (X_C - X_L)^2}\ \text{〔Ω〕}\ (X_C > X_L \text{の場合})$$

図14：R-L-C 直列回路とインピーダンスの直角三角形

参考 インピーダンスの直角三角形の各辺に電流 I をかけると，電圧の直角三角形になります。

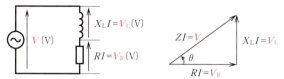

図15：R-L 直列回路と電圧の直角三角形

例題

問 図のような交流回路において，抵抗 $8\,\Omega$ の両端の電圧 $V\,[\mathrm{V}]$ は。 （令1上・問4）

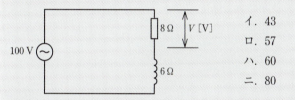

イ．43
ロ．57
ハ．60
ニ．80

解説 インピーダンスの直角三角形より，Z（直角三角形の斜辺）は，$Z = \sqrt{R^2 + X_\mathrm{L}^2} = \sqrt{8^2 + 6^2} = 10\,\Omega$

回路に流れる電流 $I\,[\mathrm{A}]$ は，オームの法則により，

$$I = \frac{100}{10} = 10\,\mathrm{A} \quad \left[\text{電流} = \frac{\text{電圧}}{\text{インピーダンス}}\right]$$

抵抗の電圧 $V\,[\mathrm{V}]$ は，
$V = IR = 10 \times 8 = 80\,\mathrm{V}$ ［電圧＝電流×抵抗］

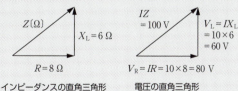

インピーダンスの直角三角形 　　電圧の直角三角形

【解答 ニ】

68 R-L-Cの並列回路

R-L-C（抵抗，コイル，コンデンサ）の並列接続回路の合成電流 I〔A〕は，直角三角形の斜辺の長さです。θ は，電圧と電流の位相差となります。

ここがポイント 並列回路は，電流の直角三角形をつくる

R-X_L 並列回路の電流 $\quad I = \sqrt{I_R^2 + I_L^2}$ 〔A〕

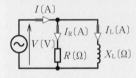

R-X_C 並列回路の電流 $\quad I = \sqrt{I_R^2 + I_C^2}$ 〔A〕

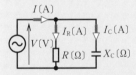
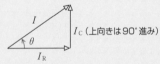

R-X_L-X_C 並列回路の電流

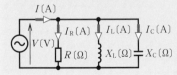

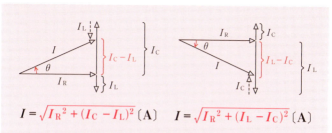

$$I = \sqrt{I_R{}^2 + (I_C - I_L)^2} \,[\text{A}] \quad I = \sqrt{I_R{}^2 + (I_L - I_C)^2} \,[\text{A}]$$

図16：R-L-C 並列回路と電流の直角三角形

例題

問 図のような回路で，電源電圧が 24 V，抵抗 $R = 3\,\Omega$ に流れる電流が 8 A，リアクタンス $X_L = 4\,\Omega$ に流れる電流が 6 A であるとき，電流計 Ⓐ の指示値〔A〕は。

イ．2   ロ．10   ハ．12   ニ．14

解説 電流計の指示値を I〔A〕としたとき，電流の直角三角形の斜辺の長さが I となります。

$I = \sqrt{I_R{}^2 + I_L{}^2} = \sqrt{8^2 + 6^2} = 10$ A

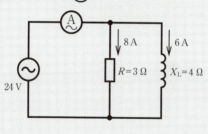

【解答 ロ】

69 交流回路の消費電力

図17の交流回路で，抵抗 R〔Ω〕の電圧が V_R〔V〕のとき，抵抗が消費する電力（有効電力）P〔W〕は，次式となります。

又，コイルやコンデンサは，電流が流れても電力を消費しません。

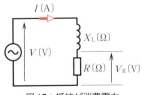

図17：抵抗が消費電力

ここがポイント　抵抗が消費する電力 P〔W〕

$$P = V_R I = I^2 R = \frac{V_R{}^2}{R} \text{〔W〕}$$

例題

問1 図のような回路で，リアクタンス X の両端の電圧が 60 V，抵抗 R の両端の電圧が 80 V であるとき，この抵抗 R の消費電力〔W〕は。

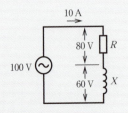

イ．600　　ロ．800　　ハ．1 000　　ニ．1 200

交流回路の消費電力

解説

電力 P〔W〕を求めるには，次の方法があります。

$P = V_R I = 80 \times 10 = 800$ W

$P = I^2 R = 10^2 \times 8 = 800$ W $R = \dfrac{V_R}{I} = \dfrac{80}{10} = 8\ \Omega$

$P = \dfrac{V_R^2}{R} = \dfrac{80^2}{8} = 800$ W

V：電源電圧〔V〕 I：回路電流〔A〕 V_R：抵抗の電圧〔V〕

【解答 ロ】

問2 図の回路の消費電力〔W〕は。 （令5下後・問4）

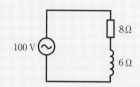

解説 インピーダンス Z〔Ω〕は，

$Z = \sqrt{8^2 + 6^2} = 10\ \Omega$

電流 I〔A〕は，

$I = \dfrac{V}{Z} = \dfrac{100}{10} = 10$ A

消費電力 P〔W〕は，

$P = I^2 R = 10^2 \times 8 = 800$ W   【解答 800 W】

問3 図の回路の消費電力〔W〕は。 （令5上前・問4）

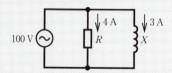

解説 電力を消費するのは R だけで，X は消費しない。

消費電力 P〔W〕は，

$P = V I_R = 100 \times 4 = 400$ W   【解答 400 W】

70 電力と電力量の直角三角形

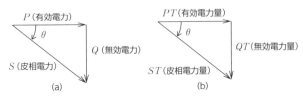

図18：電力の直角三角形(a)と電力量の直角三角形(b)

交流の電力には，皮相電力，有効電力，無効電力があり，図20(a)のように電力の直角三角形で表すことができます。

又，図(b)のように各辺に時間 T〔h〕をかけると，電力量の直角三角形になります。

ここがポイント 交流回路の電力 P は，$VI\cos\theta$〔W〕

$S = VI$〔V・A〕　　皮相電力＝電圧×電流
$P = VI\cos\theta$〔W〕　　有効電力＝電圧×電流×力率
$Q = VI\sin\theta$〔var〕　無効電力＝電圧×電流×無効率

時間 T〔h〕をかければ，電力量を表す直角三角形ができる。

電力と電力量の直角三角形

例題

問1 単相交流回路で 200 V の電圧を力率 90 % の負荷に加えたとき,15 A の電流が流れた。負荷の消費電力〔kW〕は。

(令 5 上後・問 4)

イ. 2.4 ロ. 2.7 ハ. 3.0 ニ. 3.3

解説 負荷の消費電力 P〔kW〕は,
$P = VI\cos\theta = 200 \times 15 \times 0.9$
$= 2\,700$ W $= 2.7$ kW 【解答 ロ】

問2 単相 200 V の回路に,消費電力 2.0 kW,力率 80 % の負荷を接続した場合,回路に流れる電流〔A〕は。

(令 3 下後・問 4)

イ. 5.8 ロ. 8.0 ハ. 10.0 ニ. 12.5

解説 電力の公式 $P = VI\cos\theta$〔W〕に,
$P = 2\,000$ W,$V = 200$ V,$\cos\theta = 0.8$
を代入すると,
$2\,000 = 200 \times I \times 0.8$
よって,$I = \dfrac{2\,000}{200 \times 0.8} = 12.5$ A

【解答 ニ】

5 章 電気に関する基礎理論

189

71 力率は直角三角形から求める

有効電力と皮相電力の比（$\cos\theta$）を**力率**といいます。力率は，インピーダンス，電流，電圧，電力，電力量の各直角三角形の**底辺**を**斜辺**で割れば求められます。

ここがポイント　力率は，直角三角形の底辺 ÷ 斜辺で求める

$$\cos\theta = \frac{P}{S}$$

$$\left(力率 = \frac{有効電力}{皮相電力} = \frac{底辺}{斜辺}\right)$$

※パーセントで表すときは 100 倍する。

図 19：直角三角形の底辺と斜辺

例題

問1 図の交流回路で，負荷の力率〔%〕は。（令5下前・問4）

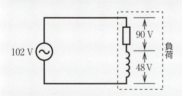

イ．47
ロ．69
ハ．88
ニ．96

解説 電源電圧 102 V，抵抗電圧 90 V，リアクタンス電圧 48 V の各電圧で，直角三角形をつくります。

$$\cos\theta = \frac{底辺}{斜辺} = \frac{90}{102} \fallingdotseq 0.88$$

100で割って，0.9より少し小さな値

コイルの電圧は，抵抗電圧又は電流よりも 90°進むので上向き

％で表すときは100倍して，88％（誘導性負荷なので，遅れ力率）

電流は，電源電圧より θ だけ遅れる

【解答 ハ】

問2　図の交流回路の力率〔％〕は。　　(令3上後・問4)

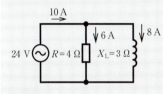

イ．43
ロ．60
ハ．75
ニ．80

解説

$\cos\theta = \dfrac{底辺}{斜辺} = \dfrac{6}{10} = 0.6$

100倍して，60％

【解答 ロ】　コイル電流は抵抗電流よりも90°遅れるので下向き

問3　図のような交流回路の力率〔％〕を示す式は。

(令4下後・問4)

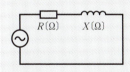

イ． $\dfrac{100R}{\sqrt{R^2+X^2}}$　　ロ． $\dfrac{100RX}{R^2+X^2}$

ハ． $\dfrac{100R}{R+X}$　　ニ． $\dfrac{100X}{\sqrt{R^2+X^2}}$

解説 力率は，インピーダンスの直角三角形から，

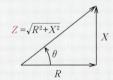

力率〔％〕$= \cos\theta \times 100 = \dfrac{底辺}{斜辺} \times 100 = \dfrac{R}{Z} \times 100 = \dfrac{100R}{\sqrt{R^2+X^2}}$ 〔％〕

【解答 イ】

72 三相交流回路

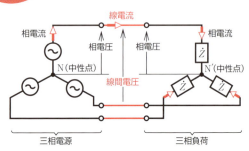

図20：Y結線の三相交流回路

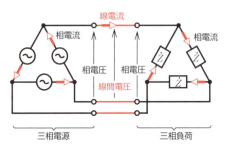

図21：Δ結線の三相交流回路

三相交流回路は，3つの単相交流回路を組み合わせたもので，Y結線（スター結線）とΔ結線（デルタ結線）があります。

ここがポイント　三相交流回路の電圧，電流，電力，電力量

＜相電圧と相電流，線間電圧と線電流＞
三相交流回路において各相1相の電圧は相電圧，1相に流れる電流は相電流

電源と負荷を結ぶ電線間の電圧は線間電圧，電線の電流は線電流

< 三相交流回路の電力 >
三相電力も単相電力と同じように電力の直角三角形で表すことができます。

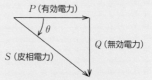

図22：三相電力の直角三角形

三相電力

$P = 3V_p I_p \cos\theta \ [\text{W}]$

三相電力＝3×相電圧×相電流×力率＝3×1相分の電力

$P = \sqrt{3} \ V_\ell I_\ell \cos\theta \ [\text{W}]$

　　三相皮相電力

三相電力＝$\sqrt{3}$ ×線間電圧×線電流×力率

　　　　　　三相皮相電力

三相電力量（電力×時間）

$W = PT \ [\text{W}\cdot\text{h}]$　P：三相電力，T：時間 $[\text{h}]$

例題

問　定格電圧（線間電圧）$V_\ell \ [\text{V}]$，定格電流（線電流）$I_\ell \ [\text{A}]$の三相誘導電動機を定格状態で時間 $T \ [\text{h}]$ の間，連続運転したところ，消費電力量が $W \ [\text{kW}\cdot\text{h}]$ であった。この電動機の力率〔%〕を表す式は。

イ． $\dfrac{W}{\sqrt{3}\,V_\ell I_\ell T} \times 10^5$

ロ． $\dfrac{W}{3V_\ell I_\ell T} \times 10^5$

ハ． $\dfrac{\sqrt{3}\,V_\ell I_\ell}{WT} \times 10^5$

ニ． $\dfrac{3V_\ell I_\ell}{WT} \times 10^5$

解説 三相電力（消費電力＝有効電力）P〔W〕は，力率を $\cos\theta$ とすれば，

$P = \sqrt{3}\,V_\ell I_\ell \cos\theta$ 〔W〕

三相電力量 W〔W・h〕は，電力〔W〕×時間〔h〕より，

$W = \sqrt{3}\,V_\ell I_\ell \cos\theta \times T$ 〔W・h〕

力率 $\cos\theta$ を求めると，

$\cos\theta = \dfrac{W}{\sqrt{3}\,V_\ell I_\ell T}$

問題は，電力量の単位が〔kW・h〕なので，これを〔W・h〕の単位にします。W〔kW・h〕$= W \times 10^3$〔W・h〕より

$\cos\theta = \dfrac{W \times 10^3}{\sqrt{3}\,V_\ell I_\ell T}$

100倍してパーセントの単位にします。

力率〔％〕 $= \dfrac{W}{\sqrt{3}\,V_\ell I_\ell T} \times 10^5$ 〔％〕

別解 電力量の直角三角形から

$\cos\theta = \dfrac{底辺}{斜辺} = \dfrac{W \times 10^3}{\sqrt{3}\,V_\ell I_\ell T}$

100倍して％単位にします。

力率〔％〕 $= \dfrac{W}{\sqrt{3}\,V_\ell I_\ell T} \times 10^5$ 〔％〕

電力量の直角三角形

【解答 **イ**】

73 Y結線（スター結線）

　図23のように負荷などをY形に接続する方法をY結線又はスター結線といいます。Y結線の線間電圧 V_ℓ は相電圧 V_p の $\sqrt{3}$ 倍（1.73倍），Y結線の線電流 I_ℓ は相電流 I_p と等しくなります。

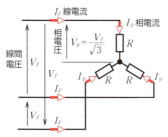
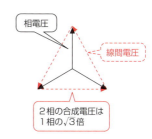

図23：Y結線

ここがポイント
Y結線の線間電圧は，2相の合成電圧で $\sqrt{3}$ 倍

$V_\ell = \sqrt{3}\ V_p\ [\mathrm{V}]$　　線間電圧 = $\sqrt{3}$ × 相電圧

$I_\ell = I_p\ [\mathrm{A}]$　　　　　線電流 = 相電流

例題

問1　図のような三相3線式回路に流れる電流 $I\ [\mathrm{A}]$ は。（令6上・問5）

イ．8.3
ロ．11.6
ハ．14.3
ニ．20.0

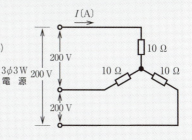

解説

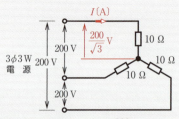

図のように相電圧（1相の電圧）は，$\dfrac{200}{\sqrt{3}}$ V

流れる電流 I〔A〕は，

$$I = \dfrac{\text{相電圧}}{\text{1相の抵抗}} = \dfrac{\dfrac{200}{\sqrt{3}}}{10} = \dfrac{20}{\sqrt{3}} = \dfrac{20}{1.73} ≒ 11.6 \text{ A}$$

【解答 ロ】

参考 $\dfrac{20}{\sqrt{3}} = \dfrac{20 \times \sqrt{3}}{\sqrt{3} \times \sqrt{3}} = \dfrac{20 \times 1.73}{3} ≒ 11.5 \text{ A}$

> 分母を1桁にすると計算しやすい

問2 図のような三相負荷に三相交流電圧を加えたとき，各線に 15 A の電流が流れた。線間電圧 E〔V〕は。

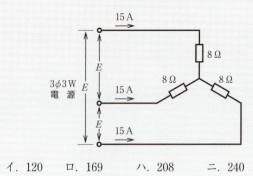

イ．120   ロ．169   ハ．208   ニ．240

Y結線（スター結線）

解説

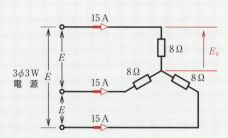

① 1相の電圧（相電圧）E_p 〔V〕は，電流×抵抗より，
  $E_p = 15 \times 8 = 120$ V
② 線間電圧は，$\sqrt{3}$ ×相電圧より，
  $E = \sqrt{3} \times 120 ≒ 1.73 \times 120 ≒ 208$ V　　【解答 ハ】

問3　図のような三相3線式200Vの回路で，c-o間の抵抗が断線した。断線前と断線後のa-o間の電圧 V の値〔V〕は。

(令3上前・問5)

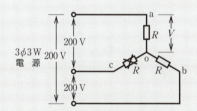

解説

断線前　$V = \dfrac{200}{\sqrt{3}} = \dfrac{200}{1.73} ≒ 116$ V（三相の相電圧）

断線後　$V = \dfrac{200}{2} = 100$ V（200Vを2個の抵抗で分圧）

【解答 断線前 116 V，断線後 100 V】

74 △結線（デルタ結線）

　図24のように負荷などを三角形に接続する方法を△結線（デルタ結線）といいます。△結線の線間電圧 V_ℓ〔V〕は相電圧 V_p〔V〕と等しく，△結線の線電流 I_ℓ〔A〕は相電流 I_p〔A〕の$\sqrt{3}$倍（1.73倍）になります。

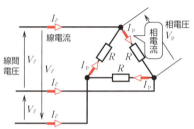

図24：△結線

ここがポイント　△結線の線電流は，2相の合成電流で$\sqrt{3}$倍

$V_\ell = V_p$〔V〕　　線間電圧 = 相電圧
$I_\ell = \sqrt{3}\, I_p$〔A〕　　線電流 = $\sqrt{3}$ × 相電流

例題

問1　図のような三相3線式回路の線電流 I〔A〕は。

イ．10.0
ロ．17.3
ハ．20
ニ．34.6

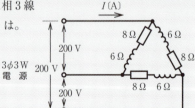

解説 図のように1相を取り出します。

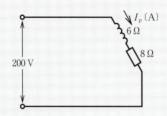

1相のインピーダンス Z〔Ω〕は,
$Z = \sqrt{8^2 + 6^2} = 10$ Ω

1相の電流（相電流）I_p〔A〕は，オームの法則により
$I_p = \dfrac{200}{Z} = \dfrac{200}{10} = 20$ A

線電流 $= \sqrt{3} \times$ 相電流より，$(\sqrt{3} = 1.73)$
$I = \sqrt{3} \times 20 = 1.73 \times 20 = 34.6$ A

【解答 ニ】

問2 問1の回路の全消費電力は〔kW〕は。

解説 問1の解説により $I_p = 20$ A，全消費電力は P は，
$P = 3 I_p^2 R = 3 \times 20^2 \times 8 = 9\,600$ W $= 9.6$ kW

【解答 9.6 kW】

問3 定格電圧 V〔V〕，定格電流 I〔A〕の三相誘導電動機を定格状態で時間 t〔h〕の間，連続運転したところ，消費電力量が W〔kW・h〕であった。この電動機の力率〔%〕を表す式は。

(令6下・問5)

イ． $\dfrac{W}{3VIt} \times 10^5$　　　ロ． $\dfrac{\sqrt{3}\,VI}{Wt} \times 10^5$

ハ． $\dfrac{3VI}{W} \times 10^5$　　　ニ． $\dfrac{W}{\sqrt{3}\,VIt} \times 10^5$

解説 消費電力量を W'〔W・h〕とすると，
$$W' = \sqrt{3}\,VI\cos\theta \times t \text{〔W・h〕}$$
力率を求めると，
$$\cos\theta = \frac{W'}{\sqrt{3}\,VIt}$$
ここで W'〔W・h〕を W〔kW・h〕とすると，
$$\cos\theta = \frac{W'}{\sqrt{3}\,VIt} = \frac{W \times 10^3}{\sqrt{3}\,VIt}$$
％で表すには，100 倍します。
$$\text{力率〔\%〕} = \frac{W \times 10^3}{\sqrt{3}\,VIt} \times 100 = \frac{W}{\sqrt{3}\,VIt} \times 10^5 \text{〔\%〕}$$
【解答 **ニ**】

問4 図のような電源電圧 E〔V〕の三相3線式回路で，図中の×印点で断線した場合，断線後のa-c間の抵抗 R〔Ω〕に流れる電流 I〔A〕を示す式は。
(令5下前・問5)

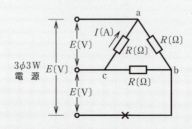

イ. $\dfrac{E}{2R}$ 　　ロ. $\dfrac{E}{\sqrt{3}\,R}$ 　　ハ. $\dfrac{E}{R}$ 　　ニ. $\dfrac{3E}{2R}$

解説

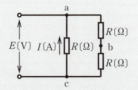

×印点で断線したとき，図のような単相回路となります。抵抗 R〔Ω〕に E〔V〕が加わり，$I = E/R$〔A〕となります。

【解答 **ハ**】

第6章 配電理論

75 配電方式

低圧の配電方式は，単相2線式，単相3線式，三相3線式が用いられます。

図1：低圧の配電方式

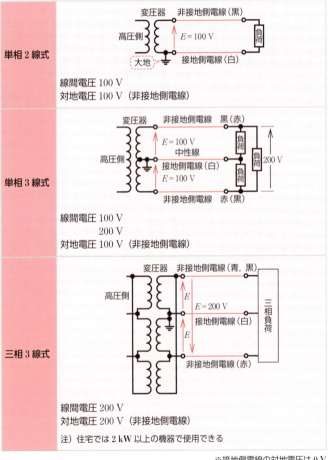

※接地側電線の対地電圧は0 V

配電方式

ここがポイント 配電方式の種類と線間電圧，対地電圧

単相2線式：線間電圧は 100 V，対地電圧は 100 V

単相3線式：線間電圧は 100/200 V，対地電圧は 100 V

三相3線式：線間電圧は 200 V，対地電圧は 200 V

接地側電線は白色の電線を使用

例題

問 絶縁被覆の色が赤色，白色，黒色の3種類の電線を使用した単相3線式100/200 V屋内配線で，電線相互間及び電線と大地間の電圧を測定した。その結果としての，電圧の組合せで，**適切なものは**。 （平23下・問27）

ただし，中性線は白色とする。

イ．赤色線と大地間　　200 V
　　白色線と大地間　　100 V
　　黒色線と大地間　　　0 V

ロ．赤色線と黒色線間　200 V
　　白色線と大地間　　　0 V
　　黒色線と大地間　　100 V

ハ．赤色線と白色線間　200 V
　　赤色線と大地間　　　0 V
　　黒色線と大地間　　100 V

ニ．赤色線と黒色線間　100 V
　　赤色線と大地間　　　0 V
　　黒色線と大地間　　200 V

解説

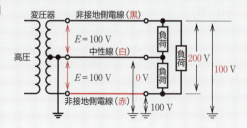

単相3線式100/200 V屋内配線の電線相互間及び電線と大地間の電圧の大きさは,図のようになります。

　赤色線と黒色線間　200 V
　白色線と大地間　　0 V
　黒色線と大地間　　100 V
　赤色線と大地間　　100 V

中性線（白）は，変圧器の二次側で接地線に接続されるため大地間電圧は0 Vです。

【解答 ロ】

76 単相2線式

　単相2線式とは，図2のように2本の電線で電源（変圧器の二次側）と負荷を結ぶ方式です。電線の抵抗 r〔Ω〕による電圧降下と電力損失があります。

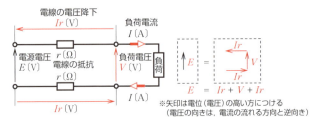

図2：単相2線式回路の電圧と電圧降下

単相2線式

ここがポイント 電線の抵抗による電圧降下と電力損失

$E = Ir + V + Ir \,[\mathrm{V}]$ ➡ $V = E - 2Ir \,[\mathrm{V}]$

電源電圧＝電圧の和　　　負荷電圧＝電源電圧－電線の電圧降下

電線の**電圧降下**(2線分) $= 2Ir \,[\mathrm{V}]$

電線の**電力損失**(2線分) $= 2I^2 r \,[\mathrm{W}]$

r：電線1線分の抵抗〔Ω〕

例題

問1 図のように，電線のこう長8mの配線により，消費電力2 000 Wの抵抗負荷に電力を供給した結果，負荷の両端の電圧は100 Vであった。配線における電圧降下〔V〕は。

ただし，電線の電気抵抗は長さ1 000 m当たり3.2 Ωとする。

(令6下・問6)

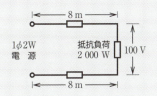

イ．1　　ロ．2　　ハ．3　　ニ．4

解説 電流 I は，$I = \dfrac{消費電力}{電圧} = \dfrac{2\,000}{100} = 20\,\mathrm{A}$

電線8 mの抵抗 r は，$r = \boxed{\dfrac{3.2}{1\,000}} \times 8 = 0.0256\,\Omega$

　　　　　　　　　　　電線1 mの抵抗　　電線の長さ

電線の電圧降下 ΔV は，

$\Delta V = 2Ir = 2 \times 20 \times 0.0256 = 1.024\,\mathrm{V}$　約 **1** V

　電線1線分の抵抗

【解答 **イ**】

205

問2 図のような単相2線式回路で，c-c′間の電圧が99 V のとき，a-a′間の電圧〔V〕は。ただし，rは電線の電気抵抗〔Ω〕とする。

(令6下・問6)

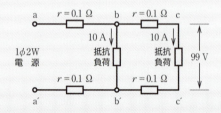

イ．102   ロ．103   ハ．104   ニ．105

解説 電源の電圧 $E_{aa'}$〔V〕は，図の a′〜a に向かって電圧の和を求めます。

$E_{aa'} = 2.0 + 1.0 + 99 + 1.0 + 2.0 = 105$ V

又は，

$E_{aa'} = V_{cc'} +$ 各電線の電圧降下の和
$= 99 + 2 \times (2.0 + 1.0) = 105$ V

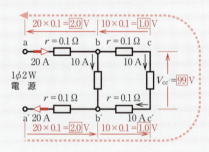

【解答 ニ】

77 単相3線式

図3は，単相3線式回路でA，B，Cの各負荷電流をI_1，I_2，I_3〔A〕としたとき，各部の電流を示したものです。

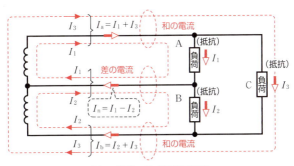

図3：単相3線式回路の電流

図4において，負荷電圧V_1，V_2〔V〕は電線の抵抗r〔Ω〕の電圧降下のため，電圧が変動します。

$I_1 = I_2$のとき，$I_n = 0$で，中性線の電圧降下は0です。

$I_1 > I_2$の場合の電圧は，次のように考えます。

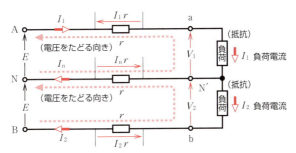

図4：単相3線式回路の電圧降下（$I_1 > I_2$のとき）

207

ここがポイント 電線路の電流，電力損失

上の線路電流　$I_a = I_1 + I_3$〔A〕（和の電流）

下の線路電流　$I_b = I_2 + I_3$〔A〕（和の電流）

中性線の電流　$I_n = I_1 - I_2$〔A〕（差の電流）
　　　　　　　（$I_1 > I_2$ のとき，I_n は左向き）

電線路の電力損失は，$I_a{}^2 r + I_b{}^2 r + I_n{}^2 r$〔W〕

ここがポイント 単相3線式回路の負荷電圧の求め方

電源電圧＝負荷電圧＋電線の電圧降下

（N-N′-a-A の順にたどる）$E = I_n r + V_1 + I_1 r$〔V〕

（B-b-N′-N の順にたどる）$E = I_2 r + V_2 - I_n r$〔V〕

負荷電圧＝電源電圧－電線の電圧降下　　$I_1 > I_2$ のとき

$V_1 = E - I_1 r - I_n r$〔V〕（中性線の電圧降下 $I_n r$ は減算）

$V_2 = E - I_2 r + I_n r$〔V〕（中性線の電圧降下 $I_n r$ は加算）

中性線の電圧降下：負荷電流の大きい方は減算，小さい方は加算

単相3線式

例題

問1 図の単相3線式回路において，電線1線の抵抗が0.1Ω，負荷の電流がいずれも10Aのとき，この電線路の電力損失Wは。ただし，負荷は抵抗負荷とする。　　（平23下・問7）

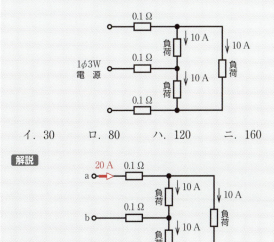

イ．30　　ロ．80　　ハ．120　　ニ．160

解説

① 図のa線に流れる電流は，$10 + 10 = 20$ A
② a線の電力損失は，$I^2 r = 20^2 \times 0.1 = 40$ W
③ b線の電流は0で，電力損失も0。
④ c線の電力損失は，a線と同じで40 W
⑤ 電線路の電力損失は，$40 + 40 = 80$ W　　【解答 ロ】

問2 図のような単相3線式の回路において，ab間の電圧〔V〕，bc間の電圧〔V〕の組合せとして，**正しいものは**。
ただし，負荷は抵抗負荷とする。

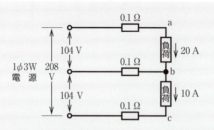

イ．ab間：101　bc間：100

ロ．ab間：103　bc間：104

ハ．ab間：102　bc間：103

ニ．ab間：101　bc間：104

解説 電流×抵抗から各電線の電圧降下を求め，図に記入します。

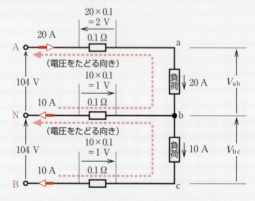

① N → b → a → A の順にたどると，

$104 = 1 + V_{ab} + 2$

$V_{ab} = 104 - 3 = $ **101** V

② B → c → b → N の順にたどると，

$104 = 1 + V_{bc} - 1$

$V_{bc} = $ **104** V　　たどる方向と逆向きのとき−

負荷電流の小さい方の電圧が高くなる

【解答 ニ】

単相3線式

問3 図1のような単相3線式回路を，図2のような単相2線式回路に変更した場合，配線の電力損失はどうなるか。

(令6下・問7)

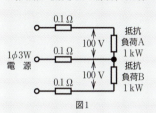

イ．1/4倍になる。　ロ．1/2倍になる。
ハ．2倍になる。　　ニ．4倍になる。

解説 図1の回路の配線の電力損失 $P_{単3}$ は，
$$P_{単3} = 2 \times I_1^2 \times r = 2 \times 10^2 \times 0.1 = 20 \text{ W}$$
$\left[I_1 = \dfrac{電力}{電圧} = \dfrac{1\,000}{100} = 10 \text{ A} \right]$ 中性線の電流は0

図2の回路の配線の電力損失 $P_{単2}$ は，
$$P_{単2} = 2 \times I_2^2 \times r = 2 \times 20^2 \times 0.1 = 80 \text{ W}$$
$\left[I_2 = \dfrac{電力}{電圧} = \dfrac{2\,000}{100} = 20 \text{ A} \right]$

単相3線式回路を単相2線式回路に変更すると，次式のように配線の電力損失は **4倍** になります。

$$\dfrac{P_{単2}}{P_{単3}} = \dfrac{80}{20} = 4$$

【解答 **ニ**】

問4 図の回路で，電圧降下 $(V_s - V_r)$〔V〕を示す式は。

(令5上後・問7)

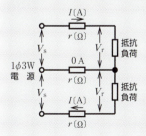

イ．$2rI$
ロ．$3rI$
ハ．rI
ニ．$\sqrt{3}\,rI$

解説 中性線の電圧降下は0Vなので，$(V_s - V_r)$ は，電線1本分の rI〔V〕になります。　【解答 **ハ**】

211

78 三相3線式

三相回路の1線の電流を I〔A〕, 抵抗を r〔Ω〕としたとき, 電圧降下は, 図5のように1相だけで考えます。

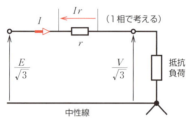

図5：三相3線式の電圧降下

$$\frac{E}{\sqrt{3}} = \frac{V}{\sqrt{3}} + Ir$$

両辺を $\sqrt{3}$ 倍すると, $E = V + \sqrt{3}\,Ir$〔V〕

ここが ポイント 三相回路の電圧降下は $\sqrt{3}$ 倍, 電力損失は1線分の3倍

三相3線式の電源電圧＝負荷電圧＋電圧降下
 $E = V + \sqrt{3}\,Ir$〔V〕

三相3線式の電圧降下 $\varDelta V$〔V〕は,
 $\varDelta V = E - V = \sqrt{3}\,Ir$〔V〕

電線路の電力損失は, 3線で $3I^2r$〔W〕

三相3線式

例題

問1 図のような三相3線式回路で,電線1線当たりの抵抗 r〔Ω〕,線電流が I〔A〕であるとき,電圧降下 $(V_1 - V_2)$〔V〕を示す式は。

(平23下・問8)

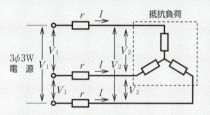

イ. $\sqrt{3}I^2r$
ロ. $\sqrt{3}Ir$
ハ. $2Ir$
ニ. $2\sqrt{3}Ir$

解説

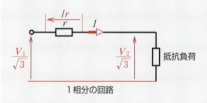

三相3線式回路の電圧降下 $(V_1 - V_2)$〔V〕を示す式は,

$\sqrt{3}Ir$〔V〕

【解答 ロ】

問2 図の三相3線式回路の配線の電力損失〔W〕は。

(令5上前・問6)

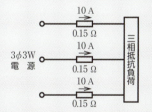

イ. 15
ロ. 26
ハ. 30
ニ. 45

解説 配線の電力損失 P_{loss}〔W〕は

$P_{loss} = 3\boxed{I^2r} = 3 \times 10^2 \times 0.15 = 45$ W

（1線の消費電力）

三相の場合,3線に流れる電流は等しいので,電力損失（電線が消費する電力）は,1線の消費電力の3倍です。

【解答 ニ】

問3 図のような三相3線式回路で，電線1線当たりの抵抗が $r = 0.15\,\Omega$，線電流が $I = 10\,\mathrm{A}$ のとき，電圧降下 $(V_s - V_r)$ 〔V〕は。

(令1下・問7)

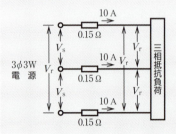

イ．1.5
ロ．2.6
ハ．3.0
ニ．4.5

解説 抵抗負荷における三相3線式回路の電圧降下 ΔV 〔V〕は，
$\Delta V = V_s - V_r = \sqrt{3}\,Ir = 1.73 \times 10 \times 0.15 ≒ 2.6\,\mathrm{V}$

【解答 ロ】

問4 図のような三相3線式回路で，電線1線当たりの抵抗が $r = 0.1\,\Omega$，相電流が $I_p = 3\sqrt{3}\,\mathrm{A}$ のとき，この配線の電力損失〔W〕は。

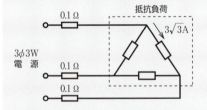

イ．8.1
ロ．24.3
ハ．30.0
ニ．81.1

解説 電線に流れる線電流 I_ℓ 〔A〕は，
$I_\ell = \sqrt{3} \times \boxed{3\sqrt{3}} = 9\,\mathrm{A}$ （相電流）

配線の電力損失 P_{loss} 〔W〕は，
$P_{\mathrm{loss}} = 3I_\ell^2 r = 3 \times 9^2 \times 0.1 = 24.3\,\mathrm{W}$

【解答 ロ】

第7章 配線設計

79 電線の太さと許容電流，電流減少係数

電線には単線とより線があり，太さの種類には表1のようなものがあります。また，各電線に安全に流すことができる許容電流が決められています。

ここがポイント　単線とより線の許容電流は丸暗記！

表1：600Vビニル絶縁電線の太さと許容電流（周囲温度30℃以下）

単線〔mm〕	1.6ミリ	2.0ミリ	2.6ミリ	3.2ミリ
許容電流〔A〕	27 A	35 A	48 A	62 A
より線〔mm²〕	2スケア	3.5スケア	5.5スケア	8スケア
許容電流〔A〕	27 A	37 A	49 A	61 A

※許容電流は，IV線によりがいし引き配線で施設する場合の値　※スケア＝mm²

《許容電流の覚え方の例》
27な，35ご，48や，62に，27な，37な，49か，61い

VVケーブルならびにIV線を同一管内に収める場合は，発熱による温度上昇を許容温度以下にするため，電流減少係数を乗じて許容電流を求めます（表2）。

表2：電流減少係数

同一管内の電線数	電流減少係数
3本以下	0.70
4本	0.63
5～6本	0.56
7～15本	0.49

ここがポイント　許容電流は，電流減少係数をかける

1.6 mmの電線3本を同一電線管に収めたときの許容電流は，27 A × 0.7 = 18.9 → 19 A

（表1の値）×（表2の値）　（小数点以下1位を7捨8入）

電線の太さと許容電流，電流減少係数

例題

問1 金属管による低圧屋内配線工事で，$5.5\,\mathrm{mm}^2$ のビニル絶縁電線4本を収めた場合，電線1本当たりの許容電流〔A〕は。電流減少係数は 0.63 とする。

解説 $49 \times 0.63 = 30.87 \to 31\,\mathrm{A}$ （7捨8入）　【解答 31 A】

問2 VVR2.0-3C の許容電流〔A〕は。電流減少係数は 0.70 とする。

解説 $35 \times 0.70 = 24.5 \to 24\,\mathrm{A}$ （7捨8入）

電線管に2〜7本の電線を収めた場合と3心ケーブルの出題が多いですが，求め方は同じです。
許容電流×電流減少係数を求め，小数点以下1位を7捨8入します。　【解答 24 A】

問3 次表の電線を同一の電線管に収めたときの許容電流は。

1.6 mm	4本
2.0 mm	6本
3.5 mm²	3本
5.5 mm²	7本

解答

電線	計算（許容電流×電流減少係数）	解答
1.6 mm　4本	$27 \times 0.63 = 17.01$	17 A
2.0 mm　6本	$35 \times 0.56 = 19.6$	19 A
3.5 mm²　3本	$37 \times 0.70 = 25.9$	26 A
5.5 mm²　7本	$49 \times 0.49 = 24.01$	24 A

電流減少係数は与えられることが多いですが，電線の許容電流は暗記する必要があります。

80 コードの許容電流

家電製品などに用いられる，コード（ビニルコードやゴムコード）には $0.75\,\mathrm{mm}^2$，$1.25\,\mathrm{mm}^2$，$2\,\mathrm{mm}^2$ があり，許容電流が決められています。

ここがポイント　コードの許容電流は丸暗記！

0.75 スケアは 7 A，1.25 スケアは 12 A，2 スケアは 17 A
（5 A 間隔）

例題

問1　$1.25\,\mathrm{mm}^2$ のゴムコード（絶縁物が天然ゴムの混合物）を使用できる消費電力の最も大きな電熱器具は。定格電圧は 100 V とする。　　　　　　　　　　　　（令3下前・問12）

イ．600 W の電気炊飯器
ロ．1 000 W のオーブントースター
ハ．1 500 W の電気湯沸器
ニ．2 000 W の電気乾燥機

解説　電熱器具の電流は，ワット数を電圧 100 V で割ると，イは 6 A，ロは 10 A，ハは 15 A，ニは 20 A であり，$1.25\,\mathrm{mm}^2$ のゴムコードの許容電流 12 A より，使用できる消費電力の最も大きな器具は，1 000 W（100 V × 12 A ＝ 1 200 W 以下）のオーブントースターです。　　　　　　　　　　　　　　　　　【解答 ロ】

コードの許容電流

問2 0.75 mm² のビニルコードの許容電流は。

解説 コードの許容電流は暗記しましょう。　　　【解答 **7 A**】

問3 2.0 mm² のビニルコードの許容電流は。

解説 コードの許容電流は暗記しましょう。　　　【解答 **17 A**】

問4 付属する移動電線にビニルコードが**使用できるのは**。

（令5上後・問12）

イ．電気扇風機
ロ．電気こたつ
ハ．電気コンロ
ニ．電気トースター

解説 ビニルコードは，電気扇風機や電気スタンドなどの電気を
熱として利用しない器具に限られる。　　　【解答 **イ**】

7章

配線設計

81 低圧電路に施設する過電流遮断器の性能

過電流遮断器には、ヒューズと配線用遮断器があります。

ヒューズは、過電流による発熱で溶断し、電路を遮断するもので、次の性能を満たすことが決められています。

ここがポイント　ヒューズに必要な性能

- 定格電流の 1.1 倍の電流に耐えること
- 定格電流が 30 A 以下のヒューズの場合、1.6 倍の電流で 60 分、2 倍の電流で 2 分以内に溶断すること
- 定格電流が 30 A を超え 60 A 以下のヒューズの場合、1.6 倍の電流で 60 分、2 倍の電流で 4 分以内に溶断すること

低圧電路に使用する配線用遮断器は、次の性能を満たすことが決められています。

ここがポイント　配線用遮断器に必要な性能

- 定格電流の 1 倍の電流で自動的に動作しないこと
- 定格電流が 30 A 以下の配線用遮断器の場合、1.25 倍の電流で 60 分、2 倍の電流で 2 分以内に動作すること
- 定格電流が 30 A を超え 50 A 以下の配線用遮断器の場合、1.25 倍の電流で 60 分、2 倍の電流で 4 分以内に動作すること

低圧電路に施設する過電流遮断器の性能

例題

問1 過電流遮断器として低圧電路に施設する定格電流40 A のヒューズに 80 A の電流が連続して流れたとき，溶断しなければならない時間〔分〕の限度（最大の時間）は。

イ．3　　ロ．4　　ハ．6　　ニ．8　（令4下後・問15）

解説 80/40 ＝ 2 倍 → **4分**以内　30 A のヒューズの場合は2倍の電流で **2分**以内に溶断。　　　　　　　　　　**【解答 ロ】**

問2 低圧電路に使用する定格電流が 20 A の配線用遮断器に 25 A の電流が継続して流れたとき，この配線用遮断器が自動的に動作しなければならない時間〔分〕の限度（最大の時間）は。　　　　　　　　　　　　　　　　　　　　（令6下・問15）

イ．20　　ロ．30　　ハ．60　　ニ．120

解説 25/20 ＝ 1.25 倍 → **60分**以内　　　　　**【解答 ハ】**

問3 問2の問題で 30 A の配線用遮断器に 37.5 A の電流が継続して流れたときは。　　　　　　　（令5下前・問15）

解説 37.5/30 ＝ 1.25 倍 → **60分**以内　　**【解答 60分以内】**

問4 低圧電路に使用する定格電流が 30 A の配線用遮断器に 60 A の電流が継続して流れたとき，この配線用遮断器が自動的に動作しなければならない時間〔分〕の限度（最大の時間）は。

イ．1　　ロ．2　　ハ．3　　ニ．4　（令1下・問15）

解説 60/30 ＝ 2 倍 → **2分**以内　　　　　　　**【解答 ロ】**

問5 問4の問題で 40 A の配線用遮断器に 80 A の電流が継続して流れたときは。　　　　　　　（令4下後・問15）

解説 80/40 ＝ 2 倍。40 A の配線用遮断器は，2 倍の電流で **4分**以内に動作。　　　　　　　　　　　　**【解答 4分以内】**

7章

配線設計

221

82 幹線の太さを決める根拠となる電流

電線の許容電流は、電気使用機械器具の定格電流の合計値以上であることが決められています。電動機等の起動電流が大きい電気機械器具の定格電流の合計 I_M〔A〕が、他の電気使用機械器具の定格電流の合計 I_H〔A〕より大きい場合は、次のようにします。

図1：I_W を求める

ここがポイント 電動機負荷があるときの幹線の許容電流 I_W の求め方

- $I_M > I_H$ かつ $I_M \leq 50\,A$ のとき
  $I_W \geq 1.25 I_M + I_H$　I_M を 1.25 倍して I_H を加える。

- $I_M > I_H$ かつ $I_M > 50\,A$ のとき
  $I_W \geq 1.1 I_M + I_H$　I_M を 1.1 倍して I_H を加える。

- $I_M \leq I_H$ のとき
  $I_W \geq I_M + I_H$　I_M と I_H を加える。

例題

問1 定格電流 12 A の電動機 5 台が接続された単相 2 線式の低圧屋内幹線がある。この幹線の太さを決定するための根拠となる電流の最小値 I_W〔A〕は。ただし、需要率は 80 ％ とする。

(令4上前・問9)

イ．48　　ロ．60　　ハ．66　　ニ．75

幹線の太さを決める根拠となる電流

解説 $I_M = 12 \times 5 \times 0.8 = 48$ A　　$I_H = 0$ A

- 電動機電流の合計
- 5台
- 需要率
- 他の負荷電流の合計

幹線の太さを決める根拠となる電流の最小値 I_W〔A〕は，
$$I_W = 1.25 \times I_M + I_H = 1.25 \times 48 + 0 = 60 \text{ A}$$ 【解答 ロ】

問2 図のように，三相の電動機と電熱器が低圧屋内幹線に接続されている場合，幹線の太さを決める根拠となる電流の最小値 I_W〔A〕は。ただし，需要率は100％とする。

(令4上後・問9)

幹線─B──┬─⊕─Ⓜ 定格電流 10 A
　　　　├─⊕─Ⓜ 定格電流 30 A
　　　　├─B─Ⓗ 定格電流 15 A
　　　　└─B─Ⓗ 定格電流 15 A

イ．70
ロ．74
ハ．80
ニ．150

解説 $I_M = 10 + 30 = 40$ A　　$I_H = 15 + 15 = 30$ A

- 電動機電流の合計
- 他の負荷電流の合計

幹線の太さを決める根拠となる電流の最小値 I_W〔A〕は，
$$I_W = 1.25 \times I_M + I_H = 1.25 \times 40 + 30 = 80 \text{ A}$$ 【解答 ハ】

問3 図のように，三相の電動機と電熱器が低圧屋内幹線に接続されている場合，幹線の太さを決める根拠となる電流の最小値〔A〕は。ただし，需要率は100％とする。

(平26上・問8)

幹線─B──┬─⊕─Ⓜ 定格電流 20 A
　　　　├─⊕─Ⓜ 定格電流 20 A
　　　　├─⊕─Ⓜ 定格電流 20 A
　　　　└─B─Ⓗ 定格電流 15 A

イ．75
ロ．81
ハ．90
ニ．195

解説 $I_M = 20 \times 3 = 60$ A　　$I_H = 15 \times 1 = 15$ A

- 電動機電流の合計
- 他の負荷電流の合計

I_M が50 A を超えているので，幹線の太さを決める根拠となる電流の最小値 I_W〔A〕は，
$$I_W = 1.1 I_M + I_H = 1.1 \times 60 + 15 = 81 \text{ A}$$ 【解答 ロ】

7章 配線設計

83 幹線の過電流遮断器の定格電流

低圧幹線を保護する過電流遮断器の定格電流 I_B〔A〕は，幹線の許容電流 I_W〔A〕以下とします。

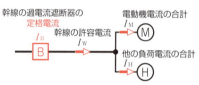

図2：I_B を求める

電動機等が接続される場合は，次のようにします。

ここがポイント 幹線の過電流遮断器の定格電流 I_B の求め方

I_M を3倍して I_H を加える ｜ いずれか
I_W の 2.5 倍 ｜ 小さい値以下とする。

例題

問1 図のような電熱器 H 1台と電動機 M 2台が接続された単相2線式の低圧屋内幹線がある。この幹線の太さを決定する根拠となる電流 I_W〔A〕と幹線に施設しなければならない過電流遮断器の定格電流を決定する根拠となる電流 I_B〔A〕の組合せとして，**適切なもの**は。ただし，需要率は 100 ％ とする。

(令6上・問9)

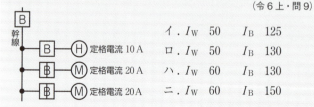

イ．I_W 50 I_B 125
ロ．I_W 50 I_B 130
ハ．I_W 60 I_B 130
ニ．I_W 60 I_B 150

幹線の過電流遮断器の定格電流

解説 $I_M = 20 + 20 = 40$ A　　$I_H = 10$ A
　　　　　└ 電動機電流の合計　　　└ 他の負荷電流の合計

幹線の太さを決める根拠となる電流の最小値 I_W〔A〕は,

$I_W = 1.25 I_M + I_H$　　　電動機電流の1.25倍
$\quad = 1.25 \times 40 + 10 = 60$ A　　+他の負荷電流

過電流遮断器の定格電流を決定する根拠となる電流 I_B〔A〕は,

$I_B \leq 3 I_M + I_H$
$\quad = 3 \times 40 + 10 = 130$ A　　電動機電流の3倍+他の負荷電流

$I_B \leq 2.5 I_W = 2.5 \times 60 = 150$ A　　幹線の許容電流を60 Aとして, これを2.5倍した値

130 Aと150 Aの小さい方の値を採用するので, **130 A**となります。

【解答 **ハ**】

問2 問1と同じ問題で下図について I_W〔A〕と I_B〔A〕は。
(令3下後・問9)

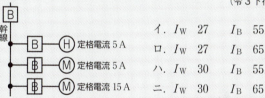

イ. I_W　27　I_B　55
ロ. I_W　27　I_B　65
ハ. I_W　30　I_B　55
ニ. I_W　30　I_B　65

解説 $I_M = 5 + 15 = 20$ A　　$I_H = 5$ A
　　　　└ 電動機電流の合計　　　└ 他の負荷電流の合計

幹線の太さを決める根拠となる電流の最小値 I_W〔A〕は,

$I_W = 1.25 I_M + I_H = 1.25 \times 20 + 5 = $ **30** A

（I_M を **1.25** 倍した値＋他の負荷電流）

過電流遮断器の定格電流を決定する根拠となる電流 I_B〔A〕は,

$I_B \leq 3 I_M + I_H = 3 \times 20 + 5 = 65$ A

（I_M を **3** 倍した値＋他の負荷電流）以下

$I_B \leq 2.5 I_W = 2.5 \times 30 = 75$ A

（I_W を 2.5 倍した値）以下

65 Aと75 Aの小さい方の値を採用し, **65 A**となります。

【解答 **ニ**】

7章　配線設計

225

84 分岐回路の過電流遮断器と開閉器の施設位置

分岐回路には，過電流遮断器及び開閉器（開閉器を兼ねた過電流遮断器を用いることが多い）を施設します。

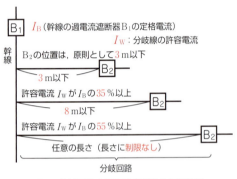

図3：分岐回路の過電流遮断器の施設位置

ここがポイント 過電流遮断器及び開閉器 B₂ の施設位置

- 分岐点から電線の長さが 3 m 以下の箇所
- 許容電流 I_W が I_B の 35 % 以上のとき，8 m 以下
- 許容電流 I_W が I_B の 55 % 以上のとき，長さに制限なし

分岐回路の過電流遮断器と開閉器の施設位置

例題

問1 図のように定格電流125 Aの過電流遮断器で保護された低圧屋内幹線から分岐して，10 mの位置に過電流遮断器を施設するとき，a-b間の電線の許容電流の最小値〔A〕は。

(令6下・問9)

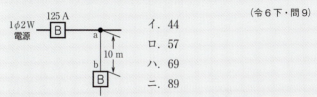

イ．44
ロ．57
ハ．69
ニ．89

解説 低圧屋内幹線から分岐して，8 mを超えた位置bに B を施設するとき，a-b間の電線の許容電流 I_W〔A〕は，幹線の過電流遮断器の定格電流125 Aの **0.55倍**（55％）以上です。

$I_W \geq 125 \times 0.55 = 68.75 \fallingdotseq 69$

電線の許容電流の最小値は，**69 A**　　　　【解答 **ハ**】

問2 図のように定格電流50 Aの配線用遮断器で保護された低圧屋内幹線からVVRケーブル太さ8 mm²（許容電流42 A）で低圧屋内電路を分岐する場合，a-b間の長さの最大値〔m〕は。

(令5下後・問9)

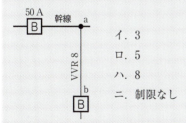

イ．3
ロ．5
ハ．8
ニ．制限なし

解説
$$\frac{\text{ケーブルの許容電流} I_W}{\text{幹線の配線用遮断器の定格電流} I_B} = \frac{42}{50} = 0.84$$

は，0.55（55％）以上なので，a-b間の長さは，**制限なし**です。

【解答 **ニ**】

問3 図のように，定格電流100 Aの配線用遮断器で保護された低圧屋内幹線からVVRケーブルで低圧屋内電路を分岐する場合，a-b間の長さLと電線の太さAの組合せとして，**不適切なものは**。

ただし，ケーブルの太さと許容電流は表のとおりとする。

(令3上後・問9)

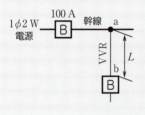

表 VVRケーブルの太さと許容電流

電線の太さ A	許容電流
直径 2.0 mm	24 A
断面積 5.5 mm^2	34 A
断面積 8 mm^2	42 A
断面積 14 mm^2	61 A

イ．L：1 m　A：2.0 mm
ロ．L：2 m　A：5.5 mm^2
ハ．L：10 m　A：8 mm^2
ニ．L：15 m　A：14 mm^2

解説 Lが3 m以下であれば，Aに制限はない。→ イ，ロは適切
Lが8 mを超える場合は，分岐する電線の許容電流が100 Aの
55 %以上 (55 A以上) でなければならない。
ハの8 mm^{2}の電線は，42/100 = 0.42 (42 %) → **不適切**
(I_W = 42 A が I_B = 100 A の 35 %以上なので L = 8 m以下であれば適切，10 mは不適切)
ニの14 mm^{2}の電線は，61/100 = 0.61 (61 %) → 適切

【解答 ハ】

85 分岐回路と電線の太さ, コンセント施設

分岐回路には次の種類があり，電線の太さ，接続できるコンセントが決められています。

ここがポイント　分岐回路, 電線の太さ, コンセントの組合せ

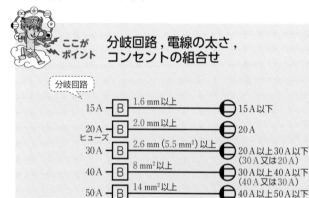

例題

問1 低圧屋内配線の分岐回路の設計で，配線用遮断器，分岐回路の電線の太さ及びコンセントの組合せとして，**適切なものは**。

(令6下・問10)

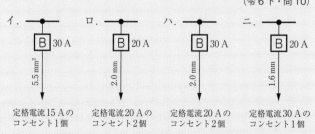

解説
イ．B 30 A → 🔘 15 A は，不適切
ロ．B 20 A → 🔘 20 又は 15 A により 20 A は適切，
　　　　　　電線 1.6 mm 以上により 2.0 mm は適切
ハ．B 30 A → 電線 2.0 mm は，不適切
ニ．B 20 A → 🔘 30 A は，不適切
問題は，配線用遮断器分岐回路で出題されます。
※コンセントの個数および配線の長さは，問題には関係しません。

【解答 ロ】

問2 定格電流 30 A の配線用遮断器で保護される分岐回路の電線（軟銅線）の太さと，接続できるコンセントの図記号の組合せとして，**適切なものは**。ただし，コンセントは兼用コンセントではないものとする。　　　　　　(令1下・問10)

イ．断面積 5.5 mm² 🔘₂　　ロ．断面積 3.5 mm² 🔘₃
ハ．直径 2.0 mm 🔘₂₀ₐ　　ニ．断面積 5.5 mm² 🔘₂₀ₐ

解説 B 30 A → 🔘 30 A 又は 20 A，電線は 2.6 mm 以上又は 5.5 mm² 以上により適切なものは，ニです。
イ．15 A のコンセントは，不適切
ロ．15 A のコンセントと 3.5 mm² の電線は，不適切
ハ．2.0 mm の電線は，不適切　　　　　　　　【解答 ニ】
※図記号に A（アンペア）表示のないものは 15 A 定格，傍記数字の 2，3 は口数で問題には関係しません。

配線用遮断器の分岐回路（学科試験でよく採用される適切な組合せ）

※Bは，配線用遮断器として出題されます。図の赤色の数値が重要
　電線の太さは，表示値以上のものを採用します。

86 中性線が断線したときの電圧

単相3線式の配線で、中性線が断線すると、負荷の電圧に異常な偏りを生じます。

ここがポイント

単相3線式で中性線が切れると負荷抵抗の大きい方の電圧が高くなり、負荷抵抗の小さい方の電圧が低くなる。

例題

問1 図のような単相3線式回路で、開閉器を閉じて機器Aの両端の電圧を測定したところ150 Vを示した。この原因として、考えられるものは。

（令5上後・問25）

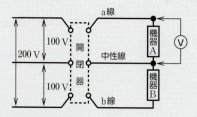

イ．機器Aの内部で断線している。
ロ．a線が断線している。
ハ．b線が断線している。
ニ．中性線が断線している。

解説

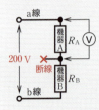

仮に，$R_A = 150\,\Omega$，$R_B = 50\,\Omega$として，**中性線が断線**したときの機器Aの電圧 $V\,[\text{V}]$ を求めると，

$$V = 200 \times \frac{150}{150 + 50} = 150\,\text{V}$$

のように，抵抗値の大きな機器Aの電圧が高くなる。 【解答 ニ】

問2 図のような単相3線式回路（電源電圧 210/105 V）において，図中の×印点Pで中性線が断線した。断線後の抵抗負荷Aに加わる電圧〔V〕は。

(令5下後・問7)

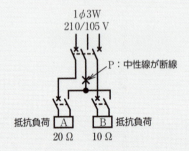

イ．70　　ロ．106　　ハ．140　　ニ．210

解説

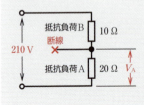

問題図を書き直すと左図のようになり，抵抗負荷Aに加わる電圧 $V_A\,[\text{V}]$ は，

$$V_A = 210 \times \frac{20}{10 + 20} = 140\,\text{V}$$

【解答 ハ】

付録

技能試験
に向けて

付録 技能試験に向けて— 公表問題の複線図を考える

ここでは，複線図を描く方法について，基本を学びます。

●複線図の描き方Ⅰ（負荷ごとに電気回路を考える方法）

図Ⅰ-1の単線図の複線図を作ります。

イ，ロ，ハの3箇所の電灯をイ，ロ，ハのスイッチで点滅します。

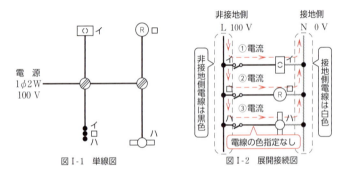

図Ⅰ-1 単線図　　図Ⅰ-2 展開接続図

- 展開接続図は，図Ⅰ-2のようになり，各々のスイッチにより対応する電灯の点滅ができます。
- 図Ⅰ-1の経路で図Ⅰ-2（展開接続図）のように，電流が流れる電気回路を描けば，①〜③（図Ⅰ-3〜5）となります。

技能試験に向けて―公表問題の複線図を考える

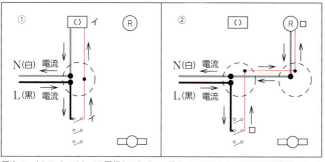

図Ⅰ-3 イのスイッチとイの電灯をつなぐ　　図Ⅰ-4 ロのスイッチとロの電灯をつなぐ

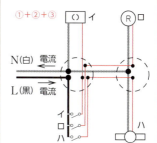

図Ⅰ-5 ハのスイッチとハの電灯をつなぐ

図Ⅰ-6 複線図

- ①～③の回路を1つの図にして，図Ⅰ-6の複線図となります。

235

●複線図の描き方Ⅱ（電源線を先に配線する方法）

　図Ⅱ-2の展開接続図の①の部分（接地側電線）は，すべて白色被覆の電線で負荷（電灯）に配線し，②の部分（非接地側電線）は，すべて黒色被覆の電線でスイッチに配線します。

③イのスイッチ→イの電灯，④ロのスイッチ→ロの電灯，⑤ハのスイッチとハの電灯，の各配線

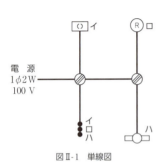

図Ⅱ-1　単線図　　　　　図Ⅱ-2　展開接続図

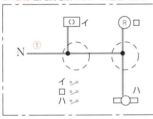

①の部分（接地側電線）は，すべて白色で配線

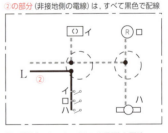

②の部分（非接地側の電線）は，すべて黒色で配線

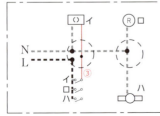

③の部分（イのスイッチとイの電灯）を配線

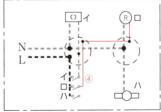

④の部分（ロのスイッチとロの電灯）を配線

技能試験に向けて—公表問題の複線図を考える

⑤の部分（ハのスイッチとハの電灯）を配線　　①〜⑤の順に描いて複線図ができます

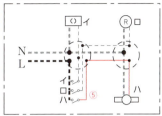 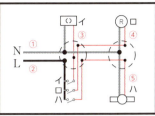

赤色部分は色指定がない電線でケーブルの残りの電線を使用する。

●複線図の描き方Ⅲ（単線図に基づき各パーツを作り，ジョイントボックス内の接続は後で行う方法）

＜パーツを作る＞

- 図Ⅲ-1のように，単線図を①〜⑥のパーツに分けてみます。
- 単線図に示される器具とケーブルの種類からパーツを製作します。（器具とケーブルの結線など）
- 各パーツを組み合わせて複線図を考えます。

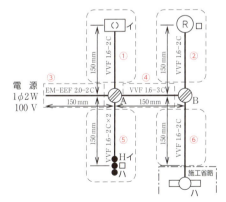

図Ⅲ-1　単線図

237

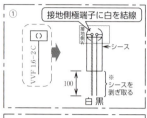

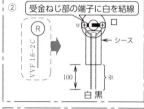

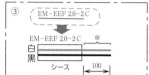

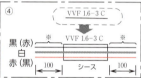

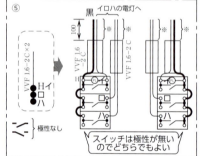

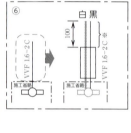

＜パーツを組み合わせて複線図とする＞

パーツを並べ，電線の接続を考えます。
1) 電源からの接地側電線の白を接続する。
2) 電源からスイッチまでの非接地側電線の黒を接続する。
3) 各スイッチと電灯間を接続する。
　　イとイ，ロとロ，ハとハが正しくつながればよい。(色指定はない)
4) ジョイントボックス内の接続は，施工条件に合った，圧着マーク，差込形コネクタの種類を記入する。

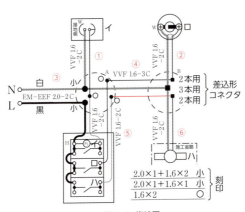

図Ⅲ-2 複線図

●単線図からパーツを作る練習Ⅰ（2つの電灯を3箇所で点滅する回路）

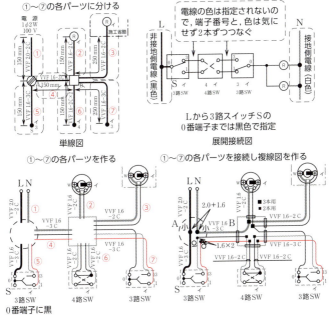

● 単線図からパーツを作る練習Ⅱ（タイムスイッチ，電灯，コンセントの回路）

単線図

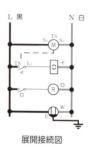

展開接続図

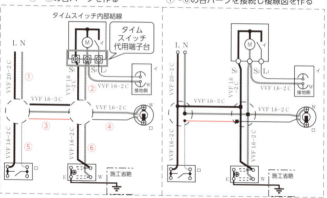

①～⑥の各パーツを作る　　　　①～⑥の各パーツを接続し複線図を作る

電線接続の練習問題

問 公表問題 No.1（図1）の完成パーツ（図2）において，ジョイントボックス内の電線の接続を完成させ，必要とするリングスリーブと差込形コネクタの数は。
A部分はリングスリーブによる接続，B部分は差込形コネクタによる接続とする。

技能試験に向けて―公表問題の複線図を考える

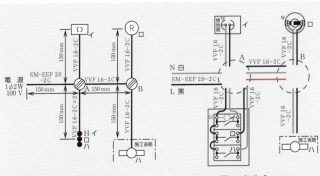

図1　公表問題　No.1　　　　図2　完成パーツ

解説

図1は配線と電線接続手順の例で、図2は完成図です。

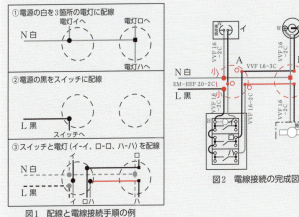

図1　配線と電線接続手順の例　　図2　電線接続の完成図

解答

小スリーブ5個（刻印 小2個，○3個）
差込型コネクタ3本用1個，2本用2個

241

ここがポイント 技能試験の受験準備

<準備するもの>
- 作業用工具（p.22 の指定工具に加え p.26 のケーブルストリッパがあると便利）

- マークシート記入用筆記具（HB の鉛筆又はシャープペンシル，プラスチック消しゴム）

- 複線図を描くための筆記具（消すことができる色ボールペン（黒，赤，青，緑など），又は色鉛筆，マーカなど練習で使いなれたもの）

<受験準備>
- 複線図の描き方は各種ありますが，公表問題 13 テーマについて一番得意な方法で描けるようにしましょう。

- 試験で複線図を描く場合は問題用紙の余白を使用できます。また，配布される保護板を利用することも可能です。

- 試験センターのホームページで次の内容を公開しています。ひととおり目を通しておくとよいでしょう。

「技能試験の候補問題」
「欠陥の判断基準」
「技能試験の概要と注意すべきポイント」
「過去問題と解答」

索引

数字

1 種金属製線ぴ	41, 109
2	60
20 A	60
250 V	60
2P	59
2P1E	15
2P2E	15
2 極スイッチ	6, 59
2 号ボックスコネクタ	37
2 種金属製可とう電線管	34, 52, 106
2 種金属製線ぴ	41, 109
3	59
3P	60
3 路スイッチ	5, 59, 67, 68
4	59
4 路スイッチ	5, 59, 68
600 V 架橋ポリエチレン絶縁耐燃性ポリエチレンシースケーブル	3
600 V 架橋ポリエチレン絶縁ビニルシースケーブル	2
600 V 耐燃性架橋ポリエチレン絶縁電線	3
600 V 耐燃性ポリエチレン絶縁電線	3
600 V ビニル絶縁ビニルシースケーブル平形	2
600 V ビニル絶縁ビニルシースケーブル丸形	2
600 V ポリエチレン絶縁耐燃性ポリエチレンシースケーブル	3
600 V ポリエチレン絶縁耐燃性ポリエチレンシースケーブル平形	3

アルファベット

A(3A)	59
CD 管	34, 107
CD 管用カップリング	37
CT	3
CV	2, 100
C 種接地工事	94
D	59
D 種接地工事	94, 96
E	60
EET	60

EL	60
EM-CE	3
EM-EE	3
EM-EEF	3, 100
EM-IC	3
EM-IE	3
ET	60
E 管	34
F2 管	52
FEP 管	41
FEP 管	53
FEP 管用ボックスコネクタ	37
H	59, 60
HIVE 管	41, 53
L	59
LED 照明	19
LK	60
MI ケーブル	3
P	59
PF 管	34, 52, 107
PF 管用カップリング	37
PF 管用サドル	38
PF 管用ボックスコネクタ	37
(PS)E	154
<PS>E	154
R	59
RAS	59
T	59, 60
TS カップリング	37
VE 管	34, 52, 107
VVF	2, 100
VVR	2, 100
VVF ケーブル	52
VVF 用ジョイントボックス	35, 53
WP	59, 60
Y-Δ 始動法	24
Y 結線	192, 195
Δ 結線	192, 198

あ行

アース棒	42
アーステスタ	48, 133
アウトレットボックス	35, 53
厚鋼電線管	34, 52, 103
圧着マーク	92
油さし	28
位置表示灯内蔵スイッチ	5, 59

243

一般形	59
一般用電気工作物	143
インダクタンス	179
インバータ式蛍光灯	19
インピーダンス	181, 182
ウォータポンププライヤ	26
薄鋼電線管	34, 52, 103
薄鋼電線管用カップリング	38
埋込スイッチボックス	35
永久磁石可動コイル形	121
エントランスキャップ	39
オームの法則	160, 178
屋外灯	57
屋外配線	118
屋外ユニット	56
押しボタン	63

か行

カールプラグ	40
開閉器	118, 226
回路計	48
架空引込線	117
確認表示灯内蔵3路スイッチ	6
確認表示灯内蔵スイッチ	5, 59
確認表示灯別置	59
ガストーチランプ（ガスバーナ）	29
カップリング	38
過電流遮断器	220, 224, 226
可動鉄片形	121
金切りのこ	27
可燃性ガス	114
可燃性粉じん	114
カバー付ナイフスイッチ	42
過負荷保護	140
過負荷保護付中性線欠相保護機能付漏	
電遮断器	16
過負荷保護付漏電遮断器	16, 62
壁付換気扇	56
壁付蛍光灯	57
壁付白熱灯	57
換気扇	42
幹線	222, 224
乾燥した場所	96
危険物	114
キャブタイヤケーブル	3
許容電流	
幹線の～	222

コードの～	218
電線の～	216
金属可とう電線管工事	106
金属管工事	98, 103, 114
金属管用サドル	38
金属線び工事	98, 109
金属ダクト工事	98, 109
クランプ型電流計	48, 128
クランプ形漏れ電流計	48, 128
クランプメータ	48, 128
クリックボール	27
クリプトン電球	19
計器	121
～の接続	124
蛍光灯	19, 57
ケーブル	2
ケーブルカッタ	31
ケーブル工事	98, 100, 114
ケーブルストリッパ	30
ケーブルラック	41
検相器	48
検電器	49
高圧	158
硬質ポリ塩化ビニル電線管	34, 52
合成樹脂管工事	98, 107, 114
合成樹脂管用カッタ	29
合成樹脂製可とう電線管	34, 52
合成抵抗	162
高速切断機（高速カッタ）	28
交流回路	
～のオームの法則	178
～の消費電力	186
交流電圧	175
コードの許容電流	218
コードペンダント	19
小形変圧器	56
ゴムブッシング	36
コンクリートプラグ	40
コンセント	10, 229
コンデンサ	56
コンビネーションカップリング	38

さ行

サーマルリレー	47, 140
差込型コネクタ	40, 90
三相200V用コンセント	11
三相3線式	202, 212

索引

三相交流回路	192
三相電力	193
三相誘導電動機	22, 24, 46
シーリングライト	19, 57
直入れ始動	24
自家用電気工作物	143, 145
支持間の距離	100
指示電気計器	121
試送電	135
実効値	178
室内ユニット	56
自動点滅器	7, 59
始動電流	24
シメラー	31
シャンデリヤ	19, 57
周期	175
周波数	175
ジュールの法則	173
受電点	53
手動油圧式圧着器	30
竣工検査	135
ジョイントボックス	53
ショウウィンドーの配線工事	112
小規模事業用電気工作物	145
小規模発電設備	144
小勢力回路	116
照度計	49
照明用光源	19
進相コンデンサ	46
振動ドリル	29
水銀灯	19, 57
スイッチ	5
スイッチプレート	7
スケール	26
スター結線	192, 195
スターデルタ始動法	24
ステープル（ステップル）	40
素通し	53
ストレートボックスコネクタ	39
スマートメータ	49, 62
正弦波交流	175, 177
整流形	121
絶縁抵抗の測定	130, 135
絶縁抵抗計	48
絶縁テープ	90
絶縁電線	2, 98
絶縁ブッシング	36

絶縁変圧器	96
接地金具	39
接地極	53
接地工事	94
接地端子	53
接地抵抗の測定	133, 135
接地抵抗計	48, 133
接地棒	42
セルラダクト工事	98
線間電圧	193
線付防水ソケット	20
線電流	193
相回転計	48
相電圧	192
相電流	192

た行

ターミナルキャップ	39
第一種電気工事士	147
耐衝撃性硬質ポリ塩化ビニル電線管	41, 53
対地電圧	138
第二種電気工事士	147
タイマ	46
タイムスイッチ	7, 62
ダウンライト	20, 57
立上り	53
単極スイッチ	5, 66
単線	216
単相2線式	202, 204
単相3線式	202, 207
遅延スイッチ	6, 59
地中電線路	102
地中配線	52
地中配線用材料	41
チャイム	63
中性線	231
調光器	7, 59
張線器	31
直管LEDランプ	19
直流回路の電力	170
直列回路	182
直列合成抵抗	162
直角三角形	190
インピーダンスの〜	182
電流の〜	184
電力と電力量の〜	188

245

地絡遮断装置	141	直流回路の〜	170
通線器	31	電力損失	204, 208, 212
通電試験	135	電力量	171
低圧	158	電力量計	49, 62
低圧進相コンデンサ	46	同期回転速度	22
低圧電路	220	銅線用裸圧着端子	40
抵抗	168, 178	導通試験	135
〜率	168	動力分電盤	62
ディスクグラインダ	29	特殊電気工事資格者	147
テスタ	48	特殊場所	114
デルタ結線	192, 198	特定電気用品	154
電圧降下	204, 212	特別高圧	158
電気工事業法	151	トラフ	41, 102
電気工事士でなければできない作業		取付枠	35
	148	ドリルドライバ	29
電気工事士法	147		
電気事業法	143	**な行**	
電気設備技術基準（電技）	157	ナトリウム灯	19
電気用品安全法	154	波付硬質合成樹脂管	41, 53
電工ドライバ	26	二重絶縁構造	96
電工ナイフ	26	二重床用	59
電磁開閉器	46	ニッパ	30
電磁開閉器用押しボタン	46, 62	認定電気工事従事者	147
電磁接触器	47	抜け止め形	11
天井隠ぺい配線	52	ぬりしろカバー	35
天井付換気扇	56	ネオン放電灯工事	113
天井取付	59	ねじなしカップリング	38
電線		ねじなし電線管	34, 52, 103
〜の種類	2	ねじなしブッシング	36
〜の接続	90	ねじなしボックスコネクタ	36
〜の太さ	229	熱線式自動スイッチ	7, 59
〜の太さと許容電流	216	熱動継電器	47
〜の本数	78, 80	熱量	174
電線管	34	ノーマルベンド	39
電動機	56	ノックアウトパンチャ	31
〜の過負荷保護	140		
電動機保護用配線用遮断器	16, 62	**は行**	
電灯配線	65	配線用遮断器	15, 62
電灯分電盤	62	配電方式	202
電熱器	56	パイプカッタ	28
点滅器	5	パイプバイス	27
電流計付箱開閉器	42, 63	パイプベンダ	28
電流減少係数	216	パイプレンチ	28
電流の直角三角形	184	パイラック	40
電流力計形	121	パイロットランプ	7, 73, 74, 75, 76
電力		白熱電灯	19
〜と電力量の直角三角形	188	爆燃性粉じん	114

246

索　引

裸圧着端子・スリーブ用圧着工具 ── 30
羽根ぎり ── 31
ハロゲン電球 ── 19
引込口 ── 118
引込口配線 ── 117
引込線 ── 117
引下げ ── 53
引き留めがいし ── 42
非常用照明 ── 57
引掛シーリング ── 20, 57
ビニルコード ── 3
ヒューズ ── 220
表示灯 ── 7
平形保護層工事 ── 98、109
平やすり ── 27
複線図 ── 65, 234
ブザー ── 63
プリカチューブ ── 34, 106
プリカナイフ ── 30
ブリッジ回路 ── 164
プルスイッチ ── 6, 59
プルボックス ── 35, 53
フロアコンセント ── 11
フロートスイッチ ── 62
フロートレススイッチ電極 ── 62
分岐回路 ── 226, 229
分電圧（分圧） ── 165
分電盤 ── 42, 62
分路電流（分流） ── 166
並列回路 ── 184
並列合成抵抗 ── 162
ベル ── 63
ペンダント ── 19, 57
ペンチ ── 26
変流器 ── 126
変流比 ── 126
防雨型壁付照明器具 ── 20
防雨形コンセント ── 11
防雨形スイッチ ── 6, 59
放電灯 ── 19
ホルソ ── 28
ボルトクリッパ ── 31

ま行
曲げ半径 ── 100
メガー ── 48
面取器 ── 29

モータブレーカ ── 16, 62, 140
目視点検 ── 135
木造造営物における施設 ── 120
木工用ドリルビット ── 31
漏れ電流 ── 48, 128

や行
誘導形 ── 121
誘導性リアクタンス ── 178
誘導灯 ── 57
床隠ぺい配線 ── 52
床面取付 ── 59
ユニバーサル ── 39
容量性リアクタンス ── 178
呼び線挿入器 ── 31
より線 ── 216

ら行
ライティングダクト ── 41, 53
ライティングダクト工事 ── 98, 109
ラジアスクランプ ── 39
リアクタンス ── 179
リード型ねじ切り器 ── 27
リーマ ── 27
力率 ── 190
リモコンスイッチ ── 7, 46, 59
リモコンセレクタスイッチ ── 7, 59, 63
リモコン変圧器 ── 46
リモコンリレー ── 46, 63
リングスリーブ ── 40, 80, 90, 92
リングスリーブ用圧着工具 ── 26
リングレジューサ ── 36
ルームエアコン ── 56
レーザ墨出し器 ── 49
漏電遮断器 ── 16, 62, 96, 141
漏電遮断器付コンセント ── 11
露出スイッチボックス ── 35
露出配線 ── 52
ロックナット ── 36

わ行
ワイド型 ── 59
ワイドハンドル形点滅器 ── 6, 59

247

● 著者プロフィール

早川 義晴（はやかわ よしはる）

東京電機大学電子工学科卒業。日本電子専門学校電気工学科教員を経て、現在多方面で技術指導を担当。

著書：『電気教科書 第二種電気工事士［学科試験］はじめての人でも受かる！テキスト＆問題集（年度版）』『電気教科書 第一種電気工事士［筆記試験］テキスト＆問題集 第3版』『電気教科書 第一種電気工事士 出るとこだけ！筆記試験の要点整理 第2版』『電気教科書 電験三種合格ガイド 第4版』『電気教科書 電験三種出るとこだけ！専門用語・公式・法規の要点整理 第4版』（翔泳社），『電験三種 やさしく学ぶ理論 改訂2版』，『電験三種 やさしく学ぶ電力 改訂2版（共著）』（オーム社）など多数。

装丁　植竹 裕（UeDESIGN）
イラスト　カワチ・レン
DTP　株式会社シンクス

電気教科書
第二種電気工事士　出るとこだけ！
学科試験の要点整理　第3版

2012年12月13日　初　版　第1刷発行
2025年 4 月28日　第3版　第1刷発行

著　者	早川 義晴（はやかわ よしはる）	
発行人	臼井 かおる	
発行所	株式会社 翔泳社（https://www.shoeisha.co.jp）	
印刷・製本	株式会社シナノ	

ⓒ2025 Yoshiharu Hayakawa

＊本書は著作権法上の保護を受けています。本書の一部または全部について（ソフトウェアおよびプログラムを含む）、株式会社 翔泳社から文書による許諾を得ずに、いかなる方法においても無断で複写、複製することは禁じられています。

＊本書へのお問い合わせについては、ⅱページに記載の内容をお読みください。

＊落丁・乱丁はお取り替えいたします。03-5362-3705 までご連絡ください。

ISBN978-4-7981-9141-6　　　　　　　　　　　　　Printed in Japan